Das Übungsheft 4

Basiswissen Mathematik

Wiebke Meyer · Lara-Denise Meister

Name: ______________________________

Klasse: __________

Bestell-Nr. 4504-52 · ISBN 978-3-619-45452-5

www.mildenberger-verlag.de
E-Mail: info@mildenberger-verlag.de
Auflage 5 4 3 2
Jahr 2022 2021 2020 2019

Redaktion: Sebastian Tonner
Layoutkonzeption: tiff.any GmbH, Berlin
Gestaltung und Satz: tiff.any GmbH, Berlin
Illustrationen: tiff.any GmbH, Berlin/Mario Kuchinke-Hofer, Miriam Fritz
Druck: Lensing Druck GmbH & Co. KG, 44149 Dortmund

Mildenberger

	H	Z	E
	1	6	4
+	3	1	2
	4	7	6

	H	Z	E
	1	6	4
+	3	8	2
	1		
	5	4	6

1 Addiere schriftlich.

	H	Z	E
		4	6
+	8	1	5

	H	Z	E
	4	2	7
+	1	5	2

	H	Z	E
	1	2	6
+	5	6	7

	H	Z	E
	7	6	4
+	1	7	9

2 Addiere schriftlich.

	H	Z	E
	4	1	9
+	3	3	8

	H	Z	E
	7	2	8
+		8	1

	H	Z	E
	1	3	7
+	4	5	3

	H	Z	E
	2	8	3
+	6	0	5

3 Addiere schriftlich.

	H	Z	E
	3	5	5
+	6	1	2

	H	Z	E
	2	9	0
+	1	4	5

	H	Z	E
	1	8	8
+	4	3	4

	H	Z	E
	6	7	1
+		5	9

1 Schreibe die Aufgaben stellengerecht untereinander und addiere schriftlich.

628 + 153 | 74 + 509 | 369 + 485 | 476 + 219

	H	Z	E
	6	2	8
+	1	5	3

	H	Z	E
+			

	H	Z	E
+			

	H	Z	E
+			

2 Schreibe die Aufgaben stellengerecht untereinander und addiere schriftlich.

132 + 195 | 217 + 468 | 854 + 93 | 172 + 340

	H	Z	E
+			

	H	Z	E
+			

	H	Z	E
+			

	H	Z	E
+			

3 Schreibe die Aufgaben stellengerecht untereinander und addiere schriftlich.

176 + 647 | 257 + 243 | 576 + 192 | 958 + 37

	H	Z	E
+			

	H	Z	E
+			

	H	Z	E
+			

	H	Z	E
+			

	H	Z	E
	5	10	
	~~6~~	2	8
−	3	7	4
	2	5	4

	H	Z	E
	6	2	8
−	3	7	4
	1		
	2	5	4

1 Subtrahiere schriftlich mit deinem Verfahren.

	H	Z	E
	9	6	1
−	2	4	8

	H	Z	E
	5	3	4
−	4	5	9

	H	Z	E
	7	1	6
−	5	8	2

	H	Z	E
	4	9	3
−	2	3	7

2 Subtrahiere schriftlich mit deinem Verfahren.

	H	Z	E
	8	7	5
−	3	0	6

	H	Z	E
	3	9	7
−	1	8	9

	H	Z	E
	5	2	9
−		4	8

	H	Z	E
	6	1	3
−	4	6	4

3 Subtrahiere schriftlich mit deinem Verfahren.

	H	Z	E
	7	5	2
−	3	7	5

	H	Z	E
	4	8	0
−	3	8	8

	H	Z	E
	9	0	4
−		8	1

	H	Z	E
	8	4	8
−	1	9	3

1 Schreibe die Aufgaben stellengerecht untereinander und subtrahiere schriftlich.

784 – 515 | 546 – 241 | 925 – 161 | 672 – 359

	H	Z	E
	7	8	4
–	5	1	5

2 Schreibe die Aufgaben stellengerecht untereinander und subtrahiere schriftlich.

333 – 176 | 891 – 223 | 513 – 418 | 769 – 197

3 Schreibe die Aufgaben stellengerecht untereinander und subtrahiere schriftlich.

958 – 39 | 680 – 445 | 437 – 251 | 806 – 362

7	·	14	=	98
7	·	10	=	70
7	·	4	=	28

14	·	7	=	98
10	·	7	=	70
4	·	7	=	28

1 Multipliziere halbschriftlich.

5	·	13	=	
	·		=	
	·		=	

4	·	18	=	
	·		=	
	·		=	

8	·	15	=	
	·		=	
	·		=	

16	·	3	=	
	·		=	
	·		=	

12	·	9	=	
	·		=	
	·		=	

19	·	6	=	
	·		=	
	·		=	

2 Multipliziere halbschriftlich.

7	·	38	=	
	·		=	
	·		=	

2	·	67	=	
	·		=	
	·		=	

6	·	45	=	
	·		=	
	·		=	

91	·	4	=	
	·		=	
	·		=	

23	·	8	=	
	·		=	
	·		=	

82	·	9	=	
	·		=	
	·		=	

1 Multipliziere halbschriftlich.

2 · 243 =

4 · 121 =

3 · 332 =

222 · 4 =

213 · 3 =

424 · 2 =

2 Multipliziere halbschriftlich.

5 · 127 =

8 · 119 =

3 · 326 =

138 · 7 =

235 · 4 =

152 · 6 =

66	:	6	=	11
60	:	6	=	10
6	:	6	=	1

72	:	6	=	12
60	:	6	=	10
12	:	6	=	2

1 Dividiere halbschriftlich.

36	:	3	=	
	:		=	
	:		=	

28	:	2	=	
	:		=	
	:		=	

44	:	4	=	
	:		=	
	:		=	

48	:	4	=	
	:		=	
	:		=	

88	:	8	=	
	:		=	
	:		=	

39	:	3	=	
	:		=	
	:		=	

2 Dividiere halbschriftlich.

84	:	7	=	
	:		=	
	:		=	

51	:	3	=	
	:		=	
	:		=	

126	:	9	=	
	:		=	
	:		=	

104	:	8	=	
	:		=	
	:		=	

80	:	5	=	
	:		=	
	:		=	

108	:	6	=	
	:		=	
	:		=	

217	:	7	=	31
210	:	7	=	30
7	:	7	=	1

252	:	7	=	36
210	:	7	=	30
42	:	7	=	6

1 Dividiere halbschriftlich.

568	:	8	=	
	:		=	
	:		=	

108	:	2	=	
	:		=	
	:		=	

369	:	9	=	
	:		=	
	:		=	

159	:	3	=	
	:		=	
	:		=	

546	:	6	=	
	:		=	
	:		=	

328	:	4	=	
	:		=	
	:		=	

2 Dividiere halbschriftlich.

335	:	5	=	
	:		=	
	:		=	

288	:	8	=	
	:		=	
	:		=	

174	:	6	=	
	:		=	
	:		=	

765	:	9	=	
	:		=	
	:		=	

192	:	4	=	
	:		=	
	:		=	

504	:	7	=	
	:		=	
	:		=	

1 Zeichne eine senkrechte Gerade zu der Geraden **g**, die durch den Punkt **P** läuft.

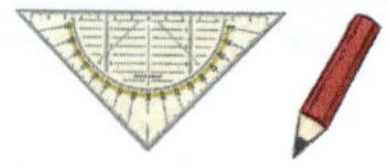

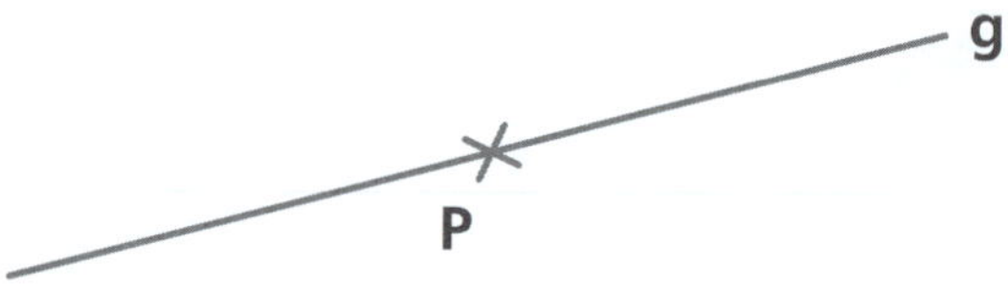

2 Zeichne jeweils zwei senkrechte Geraden zu den Geraden **g** und **h** ein.

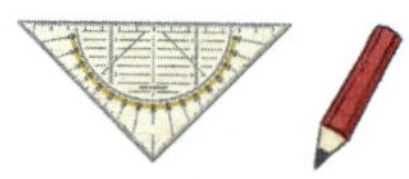

3 **a)** Färbe zueinander senkrechte Geraden in derselben Farbe.

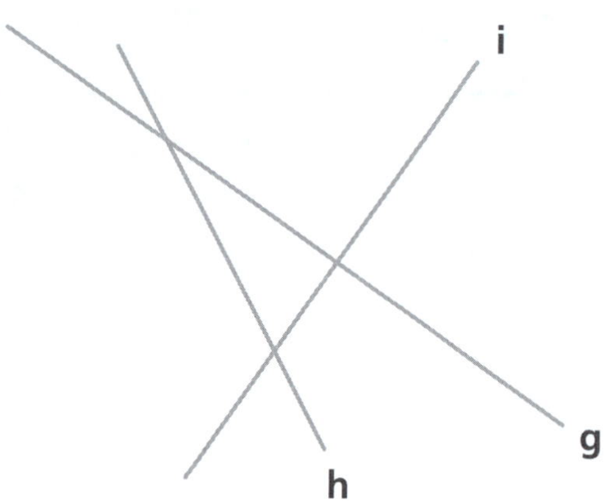

b) Was stimmt? Kreuze an.

	stimmt	stimmt nicht
Gerade **g** ist senkrecht zur Geraden **h**.		
Gerade **g** ist senkrecht zur Geraden **i**.		
Gerade **h** ist senkrecht zur Geraden **i**.		

1 Zeichne zwei parallele Geraden zu der Geraden **g**.

2 Zeichne eine parallele Gerade …

a) zu der Geraden **g**, die durch den Punkt **P** läuft.

b) zu der Geraden **g**, die durch den Punkt **Q** läuft.

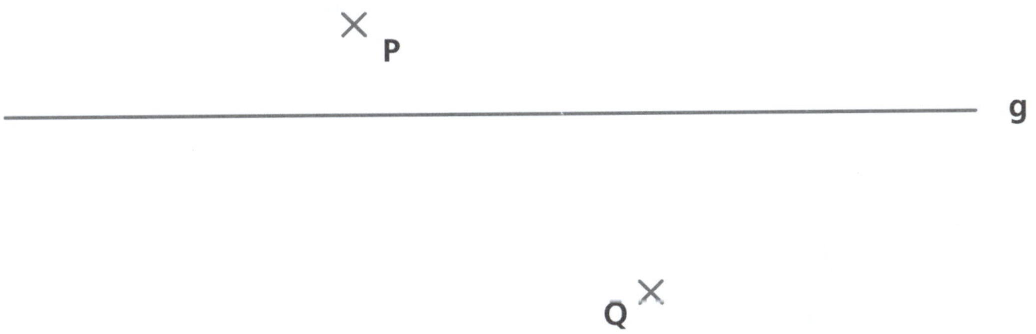

3 **a)** Färbe zueinander parallele Geraden in derselben Farbe.

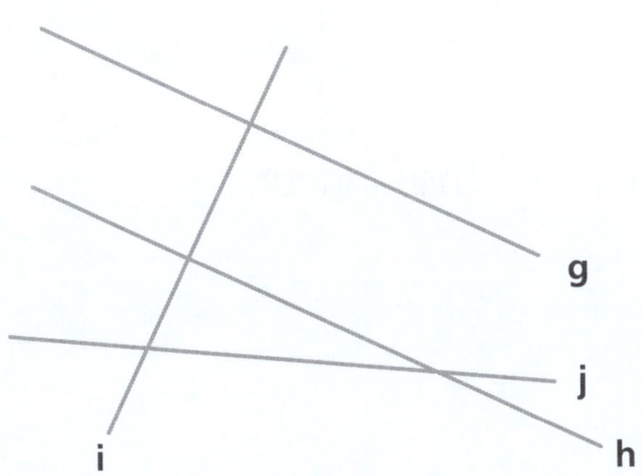

b) Was stimmt? Kreuze an.

	stimmt	stimmt nicht
Gerade **g** ist parallel zur Geraden **h**.		
Gerade **g** ist parallel zur Geraden **i**.		
Gerade **i** ist parallel zur Geraden **j**.		
Gerade **h** ist parallel zur Geraden **g**.		

4 8 2	3 6 5

482 365

Lies das Zahlwort, lege und schreibe.

zweihundertdreiundsechzigtausend fünfhunderteinundvierzig

achthundertdreißigtausend einhundertneunundfünfzig

fünfhundertsiebzehntausend siebenhundertsechsundneunzig

Lies das Zahlwort, unterstreiche und schreibe. 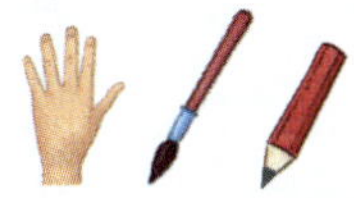

siebenhunderteinundfünfzigtausend zweihundertdreiundachtzig

7 5 1   2 8 3

einhundertachtundvierzigtausendfünfhundertzweiundsiebzig

neunhundertsechsunddreißigtausendvierhundertsiebenundzwanzig

sechshundertfünfundneunzigtausenddreihundertvierzehn

sechshundertvierundsiebzigtausendneunhundertachtundzwanzig

7 3 8	0 1 6

700 000	7	HT
30 000	3	ZT
8 000	8	T
000	0	H
10	1	Z
6	6	E

Zerlege und schreibe in Stellenwerten.

1 6 4	7 5 2

		HT
		ZT
		T
		H
		Z
		E

5 0 9	2 3 8

		HT
		ZT
		T
		H
		Z
		E

Zerlege und schreibe in Stellenwerten.

4 9 5 6 8 1

HT
ZT
T
H
Z
E

8 7 3 1 0 9

HT
ZT
T
H
Z
E

6 5 2 9 4 7

HT
ZT
T
H
Z
E

3 2 7 5 6 4

HT
ZT
T
H
Z
E

2 8 6 3 9 5

HT
ZT
T
H
Z
E

9 1 0 8 7 3

HT
ZT
T
H
Z
E

1 Übertrage die Zahlen in die Tabelle und schreibe als Stellenwerte.

	HT	ZT	T	H	Z	E	
623 071	6	2	3	0	7	1	6 HT 2 ZT 3 T 7 Z 1 E
381 405							
902 764							
296 187							
538 029							
175 392							
827 930							

2 Übertrage die Stellenwerte in die Tabelle und schreibe die Zahl.

	HT	ZT	T	H	Z	E	
9 HT 3 ZT 8 H 2 Z 7 E	9	3	0	8	2	7	930 827
4 HT 6 ZT 9 T 2 H 5 Z 1 E							
7 HT 1 ZT 3 T 6 H 4 Z 8 E							
2 HT 3 ZT 7 T 5 H 1 Z 6 E							
6 HT 1 ZT 8 T 3 Z 5 E							
3 HT 4 ZT 1 T 7 H 6 Z 9 E							
5 HT 6 T 1 H 9 Z 3 E							

Bestimme den Wert eines Schrittes am Zahlenstrahl.

Ein Schritt hat den Wert 1 .

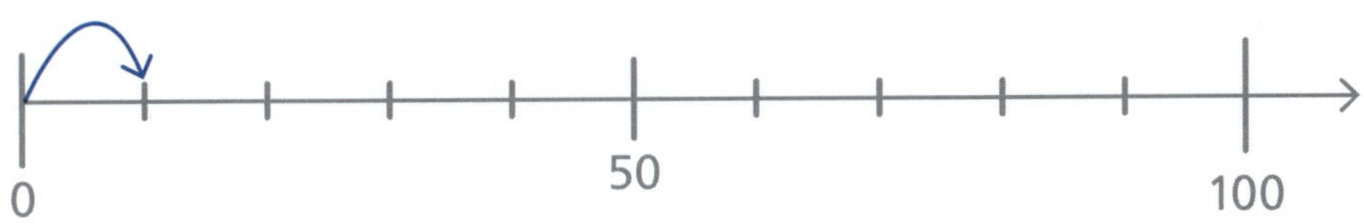

Ein Schritt hat den Wert ____ .

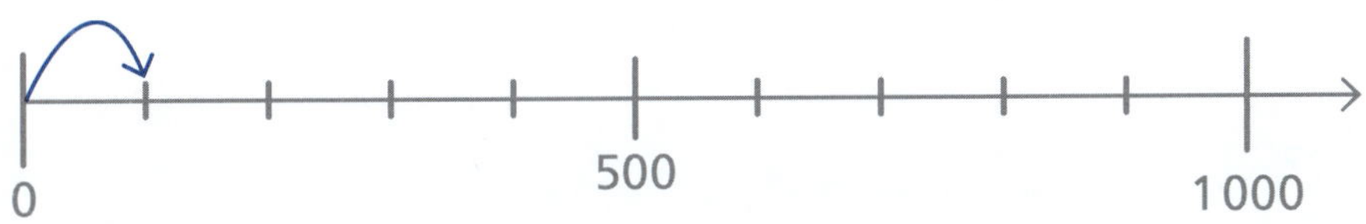

Ein Schritt hat den Wert ____ .

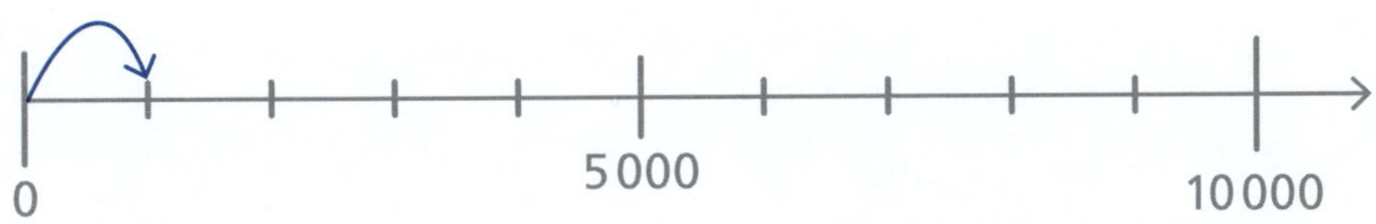

Ein Schritt hat den Wert ____ .

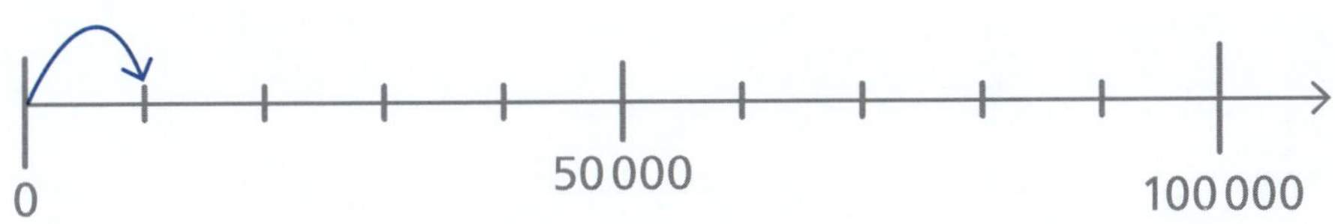

Ein Schritt hat den Wert ____ .

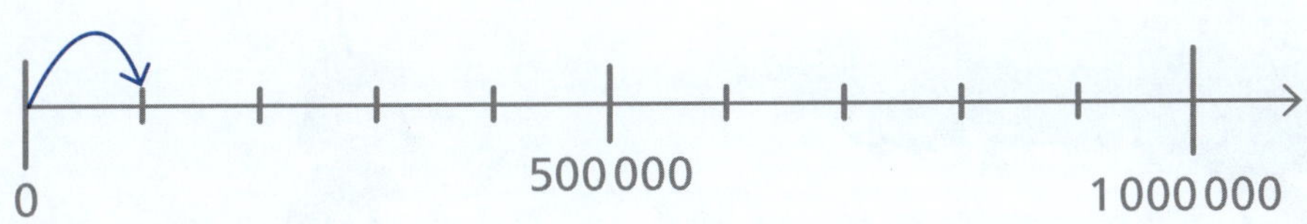

Ein Schritt hat den Wert ____ .

Welche Zahlen sind es? Trage ein.

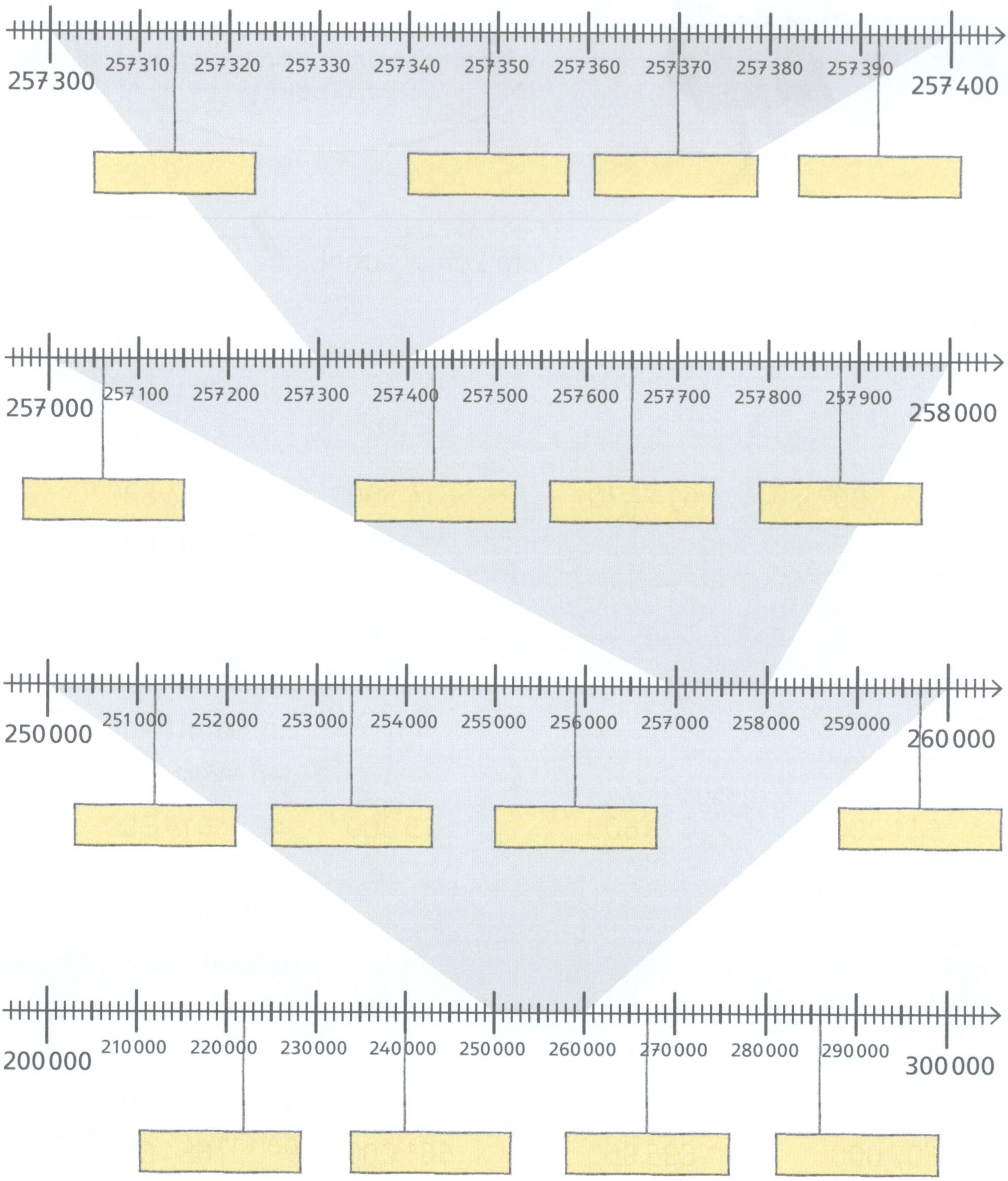

Verbinde die Zahlenkärtchen mit der richtigen Stelle am Zahlenstrahl.

614827 | 614834 | 614861 | 614889

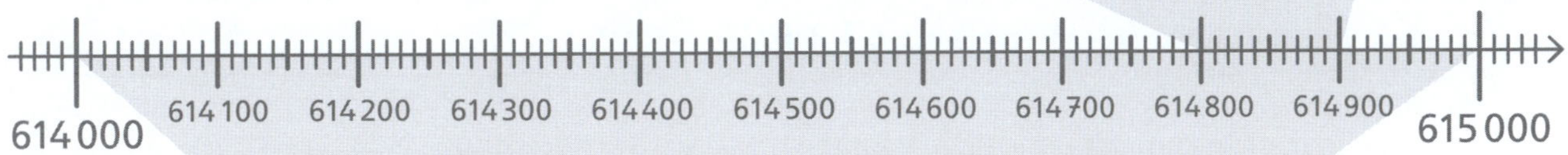

614050 | 614470 | 614590 | 614830

611200 | 613600 | 615800 | 617300

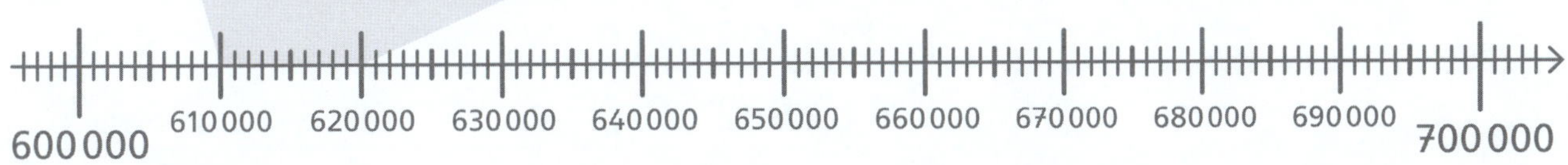

607000 | 635000 | 661000 | 684000

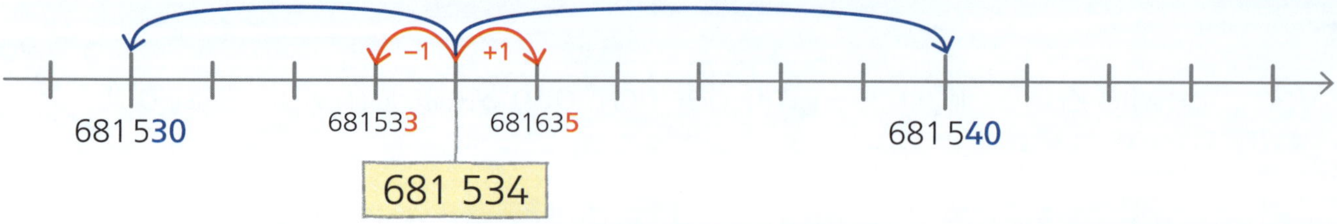

1 Bestimme den Vorgänger und den Nachfolger.

Vorgänger	Zahl	Nachfolger
	681 534	
	359 716	
	825 109	
	413 892	

2 Bestimme den Vorgänger und den Nachfolger.

________________, 974 623, ________________

________________, 508 247, ________________

________________, 297 461, ________________

________________, 742 958, ________________

3 Bestimme die Nachbarzehner.

Nachbarzehner	Zahl	Nachbarzehner
	681 534	
	359 716	
	825 109	
	413 892	

4 Bestimme die Nachbarzehner.

________________ < 974 623 < ________________

________________ < 508 247 < ________________

________________ < 297 461 < ________________

________________ < 742 958 < ________________

7 70 700 700

8 80 800 800

9 90 900 900

1 2 3 4 5 6 7 8 9

1 2 3 4 5 6 7 8 9

0 0

1000

1000000

siebenhundert	siebenhundert	siebzig	sieben
achthundert	achthundert	achtzig	acht
neunhundert	neunhundert	neunzig	neun

neun	acht	sieben	sechs	fünf	vier	drei	zwei	eins
neun	acht	sieben	sechs	fünf	vier	drei	zwei	eins
							null	null

tausend

Million (en)

	H	Z	E
	1	6	4
+	3	1	2
	4	7	6

Es gibt Aufgaben ohne und mit Übertrag.

	H	Z	E
	1	6	4
+	3	8	2
	1		
	5	4	6

1 Addiere schriftlich.

	H	Z	E
		4	6
+	8	1	5
		1	
	8	6	1

	H	Z	E
	4	2	7
+	1	5	2
	5	7	9

	H	Z	E
	1	2	6
+	5	6	7
		1	
	6	9	3

	H	Z	E
	7	6	4
+	1	7	9
	1	1	
	9	4	3

2 Addiere schriftlich.

	H	Z	E
	4	1	9
+	3	3	8
		1	
	7	5	7

	H	Z	E
	7	2	8
+		8	1
	1		
	8	0	9

	H	Z	E
	1	3	7
+	4	5	3
		1	
	5	9	0

	H	Z	E
	2	8	3
+	6	0	5
	8	8	8

3 Addiere schriftlich.

	H	Z	E
	3	5	5
+	6	1	2
	9	6	7

	H	Z	E
	2	9	0
+	1	4	5
	1		
	4	3	5

	H	Z	E
	1	8	8
+	4	3	4
	1	1	
	6	2	2

	H	Z	E
	6	7	1
+		5	9
	1	1	
	7	3	0

1 Schreibe die Aufgaben stellengerecht untereinander und addiere schriftlich.

628 + 153 | 74 + 509 | 369 + 485 | 476 + 219

	H	Z	E
	6	2	8
+	1	5	3
		1	
	7	8	1

	H	Z	E
		7	4
+	5	0	9
		1	
	5	8	3

	H	Z	E
	3	6	9
+	4	8	5
	1	1	
	8	5	4

	H	Z	E
	4	7	6
+	2	1	9
		1	
	6	9	5

2 Schreibe die Aufgaben stellengerecht untereinander und addiere schriftlich.

132 + 195 | 217 + 468 | 854 + 93 | 172 + 340

	H	Z	E
	1	3	2
+	1	9	5
	1		
	3	2	7

	H	Z	E
	2	1	7
+	4	6	8
		1	
	6	8	5

	H	Z	E
	8	5	4
+		9	3
	1		
	9	4	7

	H	Z	E
	1	7	2
+	3	4	0
	1		
	5	1	2

3 Schreibe die Aufgaben stellengerecht untereinander und addiere schriftlich.

176 + 647 | 257 + 243 | 576 + 192 | 958 + 37

	H	Z	E
	1	7	6
+	6	4	7
	1	1	
	8	2	3

	H	Z	E
	2	5	7
+	2	4	3
	1	1	
	5	0	0

	H	Z	E
	5	7	6
+	1	9	2
	1		
	7	6	8

	H	Z	E
	9	5	8
+		3	7
		1	
	9	9	5

	H	Z	E
	5	10	
	~~6~~	2	8
−	3	7	4
	2	5	4

	H	Z	E
	6	2	8
−	3	7	4
	1		
	2	5	4

1 Subtrahiere schriftlich mit deinem Verfahren. *

	H	Z	E
	9	6	1
−	2	4	8
		1	
	7	1	3

	H	Z	E
	5	3	4
−	4	5	9
	1	1	
		7	5

	H	Z	E
	7	1	6
−	5	8	2
	1		
	1	3	4

	H	Z	E
	4	9	3
−	2	3	7
		1	
	2	5	6

2 Subtrahiere schriftlich mit deinem Verfahren. *

	H	Z	E
	8	7	5
−	3	0	6
		1	
	5	6	9

	H	Z	E
	3	9	7
−	1	8	9
		1	
	2	0	8

	H	Z	E
	5	2	9
−		4	8
	1		
	4	8	1

	H	Z	E
	6	1	3
−	4	6	4
	1	1	
	1	4	9

3 Subtrahiere schriftlich mit deinem Verfahren. *

	H	Z	E
	7	5	2
−	3	7	5
	1	1	
	3	7	7

	H	Z	E
	4	8	0
−	3	8	8
	1	1	
		9	2

	H	Z	E
	9	0	4
−		8	1
	1		
	8	2	3

	H	Z	E
	8	4	8
−	1	9	3
	1		
	6	5	5

* Beispiellösung: Dargestellt ist das Ergänzungsverfahren.

1 Schreibe die Aufgaben stellengerecht untereinander und subtrahiere schriftlich. *

784 − 515 | 546 − 241 | 925 − 161 | 672 − 359

	H	Z	E
	7	8	4
−	5	1	5
		1	
	2	6	9

	H	Z	E
	5	4	6
−	2	4	1
	3	0	5

	H	Z	E
	9	2	5
−	1	6	1
	1		
	7	6	4

	H	Z	E
	6	7	2
−	3	5	9
		1	
	3	1	3

2 Schreibe die Aufgaben stellengerecht untereinander und subtrahiere schriftlich. *

333 − 176 | 891 − 223 | 513 − 418 | 769 − 197

	H	Z	E
	3	3	3
−	1	7	6
	1	1	
	1	5	7

	H	Z	E
	8	9	1
−	2	2	3
		1	
	6	6	8

	H	Z	E
	5	1	3
−	4	1	8
	1	1	
		9	5

	H	Z	E
	7	6	9
−	1	9	7
	1		
	5	7	2

3 Schreibe die Aufgaben stellengerecht untereinander und subtrahiere schriftlich. *

958 − 39 | 680 − 445 | 437 − 251 | 806 − 362

	H	Z	E
	9	5	8
−		3	9
		1	
	9	1	9

	H	Z	E
	6	8	0
−	4	4	5
		1	
	2	3	5

	H	Z	E
	4	3	7
−	2	5	1
	1		
	1	8	6

	H	Z	E
	8	0	6
−	3	6	2
	1		
	4	4	4

Das Übungsheft Basiswissen Mathematik 4 – Lösungen (Seite 6–9)

7 · 14 = 98	14 · 7 = 98
7 · 10 = 70	10 · 7 = 70
7 · 4 = 28	4 · 7 = 28

1 Multipliziere halbschriftlich.

5 · 13 = 65	4 · 18 = 72	8 · 15 = 120
5 · 10 = 50	4 · 10 = 40	8 · 10 = 80
5 · 3 = 15	4 · 8 = 32	8 · 5 = 40

16 · 3 = 48	12 · 9 = 108	19 · 6 = 114
10 · 3 = 30	10 · 9 = 90	10 · 6 = 60
6 · 3 = 18	2 · 9 = 18	9 · 6 = 54

2 Multipliziere halbschriftlich.

7 · 38 = 266	2 · 67 = 134	6 · 45 = 270
7 · 30 = 210	2 · 60 = 120	6 · 40 = 240
7 · 8 = 56	2 · 7 = 14	6 · 5 = 30

91 · 4 = 364	23 · 8 = 184	82 · 9 = 738
90 · 4 = 360	20 · 8 = 160	80 · 9 = 720
1 · 4 = 4	3 · 8 = 24	2 · 9 = 18

1 Multipliziere halbschriftlich.

2 · 243 = 486	4 · 121 = 484	3 · 332 = 996
2 · 200 = 400	4 · 100 = 400	3 · 300 = 900
2 · 40 = 80	4 · 20 = 80	3 · 30 = 90
2 · 3 = 6	4 · 1 = 4	3 · 2 = 6

222 · 4 = 888	213 · 3 = 639	424 · 2 = 848
200 · 4 = 800	200 · 3 = 600	400 · 2 = 800
20 · 4 = 80	10 · 3 = 30	20 · 2 = 40
2 · 4 = 8	3 · 3 = 9	4 · 2 = 8

2 Multipliziere halbschriftlich.

5 · 127 = 635	8 · 119 = 952	3 · 326 = 978
5 · 100 = 500	8 · 100 = 800	3 · 300 = 900
5 · 20 = 100	8 · 10 = 80	3 · 20 = 60
5 · 7 = 35	8 · 9 = 72	3 · 6 = 18

138 · 7 = 966	235 · 4 = 940	152 · 6 = 912
100 · 7 = 700	200 · 4 = 800	100 · 6 = 600
30 · 7 = 210	30 · 4 = 120	50 · 6 = 300
8 · 7 = 56	5 · 4 = 20	2 · 6 = 12

66 : 6 = 11	72 : 6 = 12
60 : 6 = 10	60 : 6 = 10
6 : 6 = 1	12 : 6 = 2

1 Dividiere halbschriftlich.

36 : 3 = 12	28 : 2 = 14	44 : 4 = 11
30 : 3 = 10	20 : 2 = 10	40 : 4 = 10
6 : 3 = 2	8 : 2 = 4	4 : 4 = 1

48 : 4 = 12	88 : 8 = 11	39 : 3 = 13
40 : 4 = 10	80 : 8 = 10	30 : 3 = 10
8 : 4 = 2	8 : 8 = 1	9 : 3 = 3

2 Dividiere halbschriftlich.

84 : 7 = 12	51 : 3 = 17	126 : 9 = 14
70 : 7 = 10	30 : 3 = 10	90 : 9 = 10
14 : 7 = 2	21 : 3 = 7	36 : 9 = 4

104 : 8 = 13	80 : 5 = 16	108 : 6 = 18
80 : 8 = 10	50 : 5 = 10	60 : 6 = 10
24 : 8 = 3	30 : 5 = 6	48 : 6 = 8

217 : 7 = 31	252 : 7 = 36
210 : 7 = 30	210 : 7 = 30
7 : 7 = 1	42 : 7 = 6

1 Dividiere halbschriftlich.

568 : 8 = 71	108 : 2 = 54	369 : 9 = 41
560 : 8 = 70	100 : 2 = 50	360 : 9 = 40
8 : 8 = 1	8 : 2 = 4	9 : 9 = 1

159 : 3 = 53	546 : 6 = 91	328 : 4 = 82
150 : 3 = 50	540 : 6 = 90	320 : 4 = 80
9 : 3 = 3	6 : 6 = 1	8 : 4 = 2

2 Dividiere halbschriftlich.

335 : 5 = 67	288 : 8 = 36	174 : 6 = 29
300 : 5 = 60	240 : 8 = 30	120 : 6 = 20
35 : 5 = 7	48 : 8 = 6	54 : 6 = 9

765 : 9 = 85	192 : 4 = 48	504 : 7 = 72
720 : 9 = 80	160 : 4 = 40	490 : 7 = 70
45 : 9 = 5	32 : 4 = 8	14 : 7 = 2

1 Zeichne eine senkrechte Gerade zu der Geraden **g**, die durch den Punkt **P** läuft.

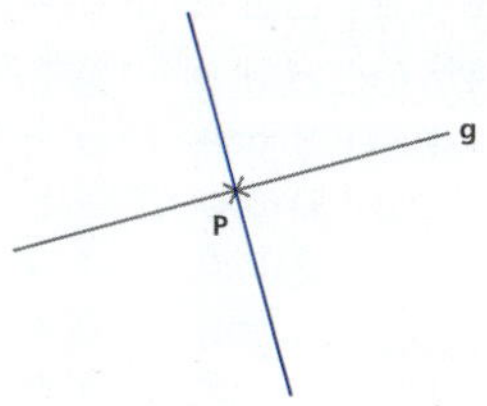

2 Zeichne jeweils zwei senkrechte Geraden zu den Geraden **g** und **h** ein. *

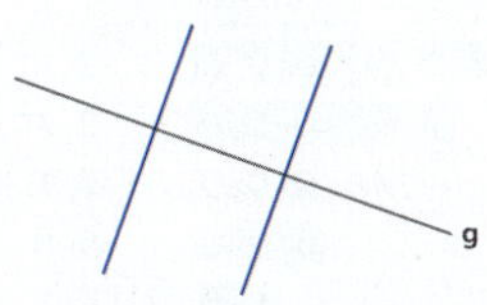

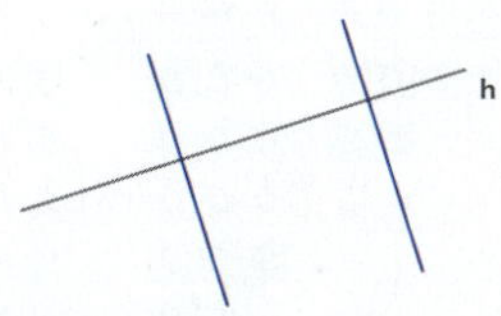

3 a) Färbe zueinander senkrechte Geraden in derselben Farbe.

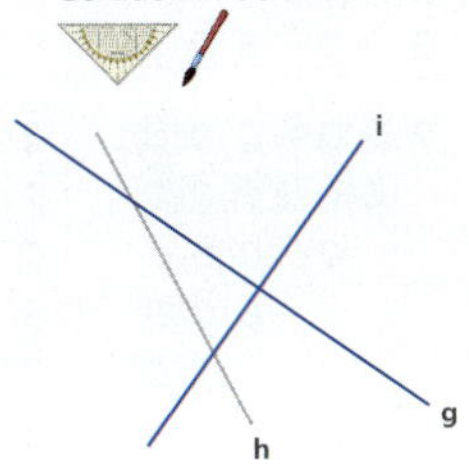

b) Was stimmt? Kreuze an.

	stimmt	stimmt nicht
Gerade **g** ist senkrecht zur Geraden **h**.		X
Gerade **g** ist senkrecht zur Geraden **i**.	X	
Gerade **h** ist senkrecht zur Geraden **i**.		X

1 Zeichne zwei parallele Geraden zu der Geraden **g**. *

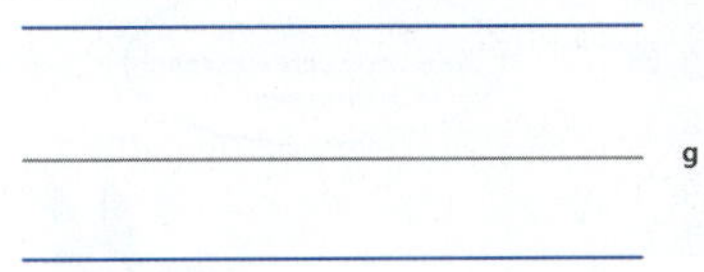

2 Zeichne eine parallele Gerade …

a) zu der Geraden **g**, die durch den Punkt **P** läuft.

b) zu der Geraden **g**, die durch den Punkt **Q** läuft.

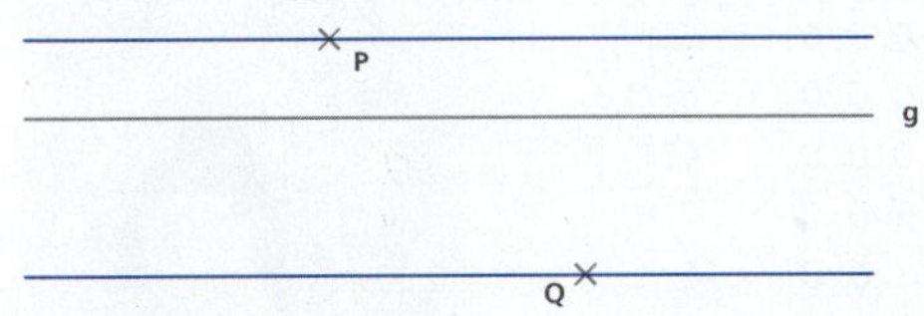

3 a) Färbe zueinander parallele Geraden in derselben Farbe.

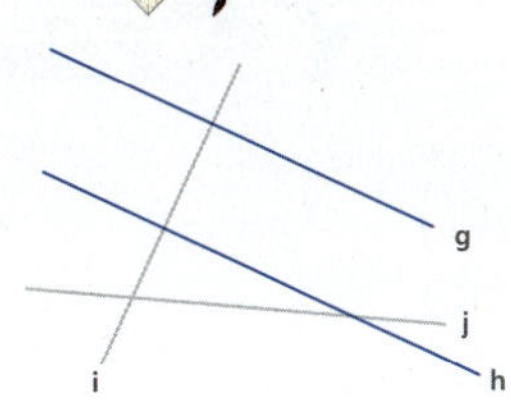

b) Was stimmt? Kreuze an.

	stimmt	stimmt nicht
Gerade **g** ist parallel zur Geraden **h**.	X	
Gerade **g** ist parallel zur Geraden **i**.		X
Gerade **i** ist parallel zur Geraden **j**.		X
Gerade **h** ist parallel zur Geraden **g**.	X	

4 8 2 | 3 6 5 — 482 365

Lies das Zahlwort, lege und schreibe.

zweihundertdreiundsechzigtausend fünfhunderteinundvierzig

2 6 3 | 5 4 1 — 263 541

achthundertdreißigtausend einhundertneunundfünfzig

8 3 0 | 1 5 9 — 830 159

fünfhundertsiebzehntausend siebenhundertsechsundneunzig

5 1 7 | 7 9 6 — 517 796

Lies das Zahlwort, unterstreiche und schreibe.

siebenhunderteinundfünfzigtausend zweihundertdreiundachtzig

7 5 1 | 2 8 3 — 751 283

einhundertachtundvierzigtausend fünfhundertzweiundsiebzig

1 4 8 | 5 7 2 — 148 572

neunhundertsechsunddreißigtausend vierhundertsiebenundzwanzig

9 3 6 | 4 2 7 — 936 427

sechshundertfünfundneunzigtausend dreihundertvierzehn

6 9 5 | 3 1 4 — 695 314

sechshundertvierundsiebzigtausend neunhundertachtundzwanzig

6 7 4 | 9 2 8 — 674 928

Das Übungsheft Basiswissen Mathematik 4 – Lösungen (Seite 14–17)

738 016

700 000	7 HT
30 000	3 ZT
8 000	8 T
000	0 H
10	1 Z
6	6 E

Zerlege und schreibe in Stellenwerten.

164 752

100 000	1 HT
60 000	6 ZT
4 000	4 T
700	7 H
50	5 Z
2	2 E

509 238

500 000	5 HT
00 000	0 ZT
9 000	9 T
200	2 H
30	3 Z
8	8 E

Zerlege und schreibe in Stellenwerten.

495 681

400 000	4 HT
90 000	9 ZT
5 000	5 T
600	6 H
80	8 Z
1	1 E

873 109

800 000	8 HT
70 000	7 ZT
3 000	3 T
100	1 H
00	0 Z
9	9 E

652 947

600 000	6 HT
50 000	5 ZT
2 000	2 T
900	9 H
40	4 Z
7	7 E

327 564

300 000	3 HT
20 000	2 ZT
7 000	7 T
500	5 H
60	6 Z
4	4 E

286 395

200 000	2 HT
80 000	8 ZT
6 000	6 T
300	3 H
90	9 Z
5	5 E

910 873

900 000	9 HT
10 000	1 ZT
0 000	0 T
800	8 H
70	7 Z
3	3 E

1 Übertrage die Zahlen in die Tabelle und schreibe als Stellenwerte.

	HT	ZT	T	H	Z	E	
623 071	6	2	3	0	7	1	6 HT 2 ZT 3 T 7 Z 1 E
381 405	3	8	1	4	0	5	3 HT 8 ZT 1 T 4 H 5 E
902 764	9	0	2	7	6	4	9 HT 2 T 7 H 6 Z 4 E
296 187	2	9	6	1	8	7	2 HT 9 ZT 6 T 1 H 8 Z 7 E
538 029	5	3	8	0	2	9	5 HT 3 ZT 8 T 2 Z 9 E
175 392	1	7	5	3	9	2	1 HT 7 ZT 5 T 3 H 9 Z 2 E
827 930	8	2	7	9	3	0	8 HT 2 ZT 7 T 9 H 3 Z

2 Übertrage die Stellenwerte in die Tabelle und schreibe die Zahl.

	HT	ZT	T	H	Z	E	
9 HT 3 ZT 8 H 2 Z 7 E	9	3	0	8	2	7	930 827
4 HT 6 ZT 9 T 2 H 5 Z 1 E	4	6	9	2	5	1	469 251
7 HT 1 ZT 3 T 6 H 4 Z 8 E	7	1	3	6	4	8	713 648
2 HT 3 ZT 7 T 5 H 1 Z 6 E	2	3	7	5	1	6	237 516
6 HT 1 ZT 8 T 3 Z 5 E	6	1	8	0	3	5	618 035
3 HT 4 ZT 1 T 7 H 6 Z 9 E	3	4	1	7	6	9	341 769
5 HT 6 T 1 H 9 Z 3 E	5	0	6	1	9	3	506 193

Bestimme den Wert eines Schrittes am Zahlenstrahl.

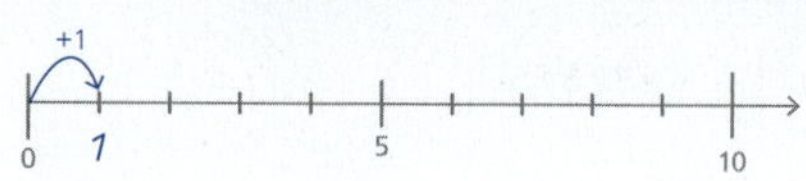

Ein Schritt hat den Wert 1.

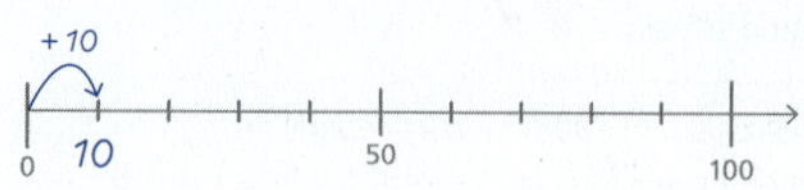

Ein Schritt hat den Wert 10.

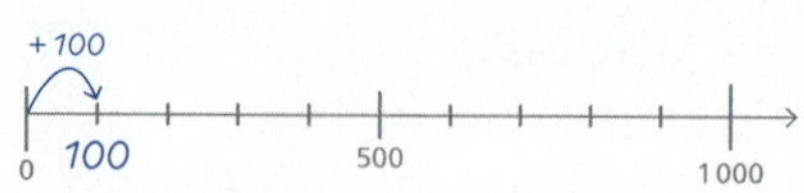

Ein Schritt hat den Wert 100.

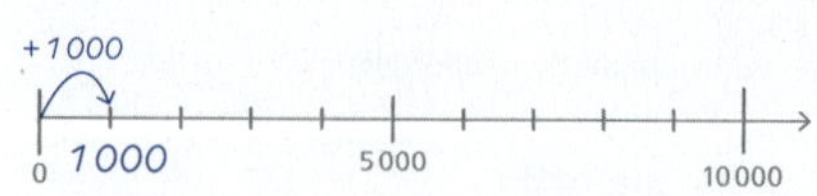

Ein Schritt hat den Wert 1 000.

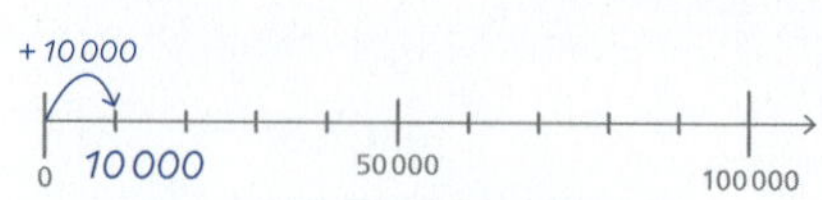

Ein Schritt hat den Wert 10 000.

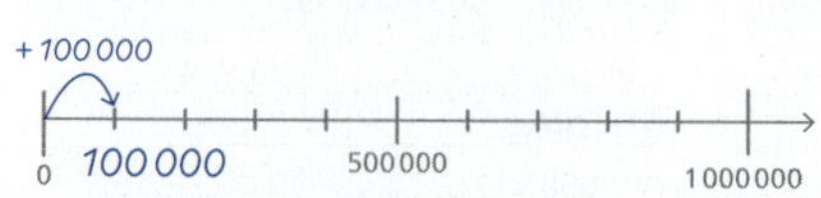

Ein Schritt hat den Wert 100 000.

Welche Zahlen sind es? Trage ein.

257 300 | 257 310 | 257 320 | 257 330 | 257 340 | 257 350 | 257 360 | 257 370 | 257 380 | 257 390 | 257 400

257 314 · 257 349 · 257 370 · 257 392

257 000 | 257 100 | 257 200 | 257 300 | 257 400 | 257 500 | 257 600 | 257 700 | 257 800 | 257 900 | 258 000

257 060 · 257 430 · 257 650 · 257 880

250 000 | 251 000 | 252 000 | 253 000 | 254 000 | 255 000 | 256 000 | 257 000 | 258 000 | 259 000 | 260 000

251 200 · 253 400 · 255 900 · 259 700

200 000 | 210 000 | 220 000 | 230 000 | 240 000 | 250 000 | 260 000 | 270 000 | 280 000 | 290 000 | 300 000

222 000 · 240 000 · 267 000 · 286 000

Verbinde die Zahlenkärtchen mit der richtigen Stelle am Zahlenstrahl.

614 800 | 614 810 | 614 820 | 614 830 | 614 840 | 614 850 | 614 860 | 614 870 | 614 880 | 614 890 | 614 900

614 827 · 614 834 · 614 861 · 614 889

614 000 | 614 100 | 614 200 | 614 300 | 614 400 | 614 500 | 614 600 | 614 700 | 614 800 | 614 900 | 615 000

614 050 · 614 470 · 614 590 · 614 830

610 000 | 611 000 | 612 000 | 613 000 | 614 000 | 615 000 | 616 000 | 617 000 | 618 000 | 619 000 | 620 000

611 200 · 613 600 · 615 800 · 617 300

600 000 | 610 000 | 620 000 | 630 000 | 640 000 | 650 000 | 660 000 | 670 000 | 680 000 | 690 000 | 700 000

607 000 · 635 000 · 661 000 · 684 000

681 530 · 681533 (−1) · 681 534 · 681635 (+1) · 681 540

1 Bestimme den Vorgänger und den Nachfolger.

Vorgänger	Zahl	Nachfolger
681 533	681 534	681 535
359 715	359 716	359 717
825 108	825 109	825 110
413 891	413 892	413 893

2 Bestimme den Vorgänger und den Nachfolger.

974 622, 974 623, 974 624
508 246, 508 247, 508 248
297 460, 297 461, 297 462
742 957, 742 958, 742 959

3 Bestimme die Nachbarzehner.

Nachbarzehner	Zahl	Nachbarzehner
681 530	681 534	681 540
359 710	359 716	359 720
825 100	825 109	825 110
413 890	413 892	413 900

4 Bestimme die Nachbarzehner.

974 620 < 974 623 < 974 630
508 240 < 508 247 < 508 250
297 460 < 297 461 < 297 470
742 950 < 742 958 < 742 960

681 000 · 681500 · 681 534 · 681600 · 682 000

1 Bestimme die Nachbarhunderter.

Nachbarhunderter	Zahl	Nachbarhunderter
681 500	681 534	681 600
359 700	359 716	359 800
825 100	825 109	825 200
413 800	413 892	413 900

2 Bestimme die Nachbarhunderter.

974 600 < 974 623 < 974 700
508 200 < 508 247 < 508 300
297 400 < 297 461 < 297 500
742 900 < 742 958 < 743 000

3 Bestimme die Nachbartausender.

Nachbartausender	Zahl	Nachbartausender
681 000	681 534	682 000
359 000	359 716	360 000
825 000	825 109	826 000
413 000	413 892	414 000

4 Bestimme die Nachbartausender.

974 000 < 974 623 < 975 000
508 000 < 508 247 < 509 000
297 000 < 297 461 < 298 000
742 000 < 742 958 < 743 000

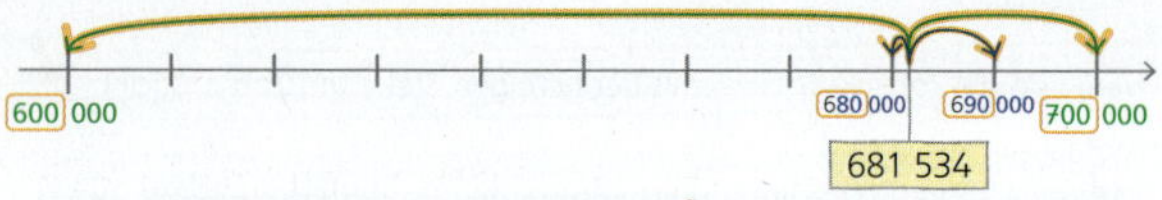

1 Bestimme die Nachbarzehntausender.

Nachbarzehntausender	Zahl	Nachbarzehntausender
680 000	681 534	690 000
350 000	359 716	360 000
820 000	825 109	830 000
410 000	413 892	420 000

2 Bestimme die Nachbarzehntausender.

970 000 < 974 623 < 980 000
500 000 < 508 247 < 510 000
290 000 < 297 461 < 300 000
740 000 < 742 958 < 750 000

3 Bestimme die Nachbarhunderttausender.

Nachbarhunderttausender	Zahl	Nachbarhunderttausender
600 000	681 534	700 000
300 000	359 716	400 000
800 000	825 109	900 000
400 000	413 892	500 000

4 Bestimme die Nachbarhunderttausender.

900 000 < 974 623 < 1 000 000
500 000 < 508 247 < 600 000
200 000 < 297 461 < 300 000
700 000 < 742 958 < 800 000

Würfel | Quader | Kegel | Zylinder | Pyramide | Prisma | Kugel

Färbe die Körpernetze in den oben abgebildeten Farben.

1 Addiere.

4 + 5 = 9
40 + 50 = 90
400 + 500 = 900
4 000 + 5 000 = 9 000
40 000 + 50 000 = 90 000
400 000 + 500 000 = 900 000

1 + 4 = 5
10 + 40 = 50
100 + 400 = 500
1 000 + 4 000 = 5 000
10 000 + 40 000 = 50 000
100 000 + 400 000 = 500 000

6 + 2 = 8
60 + 20 = 80
600 + 200 = 800
6 000 + 2 000 = 8 000
60 000 + 20 000 = 80 000
600 000 + 200 000 = 800 000

3 + 7 = 10
30 + 70 = 100
300 + 700 = 1000
3 000 + 7 000 = 10 000
30 000 + 70 000 = 100 000
300 000 + 700 000 = 1 000 000

2 Addiere.

13 + 46 = 59
130 + 460 = 590
1 300 + 4 600 = 5 900
13 000 + 46 000 = 59 000
130 000 + 460 000 = 590 000

42 + 31 = 73
420 + 310 = 730
4 200 + 3 100 = 7 300
42 000 + 31 000 = 73 000
420 000 + 310 000 = 730 000

55 + 9 = 64
550 + 90 = 640
5 500 + 900 = 6 400
55 000 + 9 000 = 64 000
550 000 + 90 000 = 640 000

24 + 63 = 87
240 + 630 = 870
2 400 + 6 300 = 8 700
24 000 + 63 000 = 87 000
240 000 + 630 000 = 870 000

1 Subtrahiere.

8 – 6 = 2
80 – 60 = 20
800 – 600 = 200
8 000 – 6 000 = 2 000
80 000 – 60 000 = 20 000
800 000 – 600 000 = 200 000

9 – 4 = 5
90 – 40 = 50
900 – 400 = 500
9 000 – 4 000 = 5 000
90 000 – 40 000 = 50 000
900 000 – 400 000 = 500 000

10 – 3 = 7
100 – 30 = 70
1 000 – 300 = 700
10 000 – 3 000 = 7 000
100 000 – 30 000 = 70 000
1 000 000 – 300 000 = 700 000

5 – 2 = 3
50 – 20 = 30
500 – 200 = 300
5 000 – 2 000 = 3 000
50 000 – 20 000 = 30 000
500 000 – 200 000 = 300 000

2 Subtrahiere.

96 – 55 = 41
960 – 550 = 410
9 600 – 5 500 = 4 100
96 000 – 55 000 = 41 000
960 000 – 550 000 = 410 000

78 – 42 = 36
780 – 420 = 360
7 700 – 4 200 = 3 600
78 000 – 42 000 = 36 000
780 000 – 420 000 = 360 000

63 – 25 = 38
630 – 250 = 380
6 300 – 2 500 = 3 800
63 000 – 25 000 = 38 000
630 000 – 250 000 = 380 000

100 – 86 = 14
1 000 – 860 = 140
10 000 – 8 600 = 1 400
100 000 – 86 000 = 14 000
1 000 000 – 860 000 = 140 000

1 Addiere.

843 276 + 1 = 843 277
843 276 + 10 = 843 286
843 276 + 100 = 843 376
843 276 + 1 000 = 844 276
843 276 + 10 000 = 853 276
843 276 + 100 000 = 943 276

425 301 + 4 = 425 305
425 301 + 40 = 425 341
425 301 + 400 = 425 701
425 301 + 4 000 = 429 301
425 301 + 40 000 = 465 301
425 301 + 400 000 = 825 301

560 134 + 3 = 560 137
560 134 + 30 = 560 164
560 134 + 300 = 560 434
560 134 + 3 000 = 563 134
560 134 + 30 000 = 590 134
560 134 + 300 000 = 860 134

752 164 + 2 = 752 166
752 164 + 20 = 752 184
752 164 + 200 = 752 364
752 164 + 2 000 = 754 164
752 164 + 20 000 = 772 164
752 164 + 200 000 = 952 164

2 Addiere.

312 725 + 6 = 312 731
312 725 + 60 = 312 785
312 725 + 600 = 313 325
312 725 + 6 000 = 318 725
312 725 + 60 000 = 372 725
312 725 + 600 000 = 912 725

154 083 + 8 = 154 091
154 083 + 80 = 154 163
154 083 + 800 = 154 883
154 083 + 8 000 = 162 083
154 083 + 80 000 = 234 083
154 083 + 800 000 = 954 083

1 Subtrahiere.

364 753 – 2 = 364 751
364 753 – 20 = 364 733
364 753 – 200 = 364 553
364 753 – 2 000 = 362 753
364 753 – 20 000 = 344 753
364 753 – 200 000 = 164 753

975 428 – 1 = 975 427
975 428 – 10 = 975 418
975 428 – 100 = 975 328
975 428 – 1 000 = 974 428
975 428 – 10 000 = 965 428
975 428 – 100 000 = 875 428

697 589 – 5 = 697 584
697 589 – 50 = 697 539
697 589 – 500 = 697 089
697 589 – 5 000 = 692 589
697 589 – 50 000 = 647 589
697 589 – 500 000 = 197 589

463 795 – 3 = 463 792
463 795 – 30 = 463 765
463 795 – 300 = 463 495
463 795 – 3 000 = 460 795
463 795 – 30 000 = 433 795
463 795 – 300 000 = 163 795

2 Subtrahiere.

583 612 – 4 = 583 608
583 612 – 40 = 583 572
583 612 – 400 = 583 212
583 612 – 4 000 = 579 612
583 612 – 40 000 = 543 612
583 612 – 400 000 = 183 612

847 135 – 6 = 847 129
847 135 – 60 = 847 075
847 135 – 600 = 846 535
847 135 – 6 000 = 841 135
847 135 – 60 000 = 787 135
847 135 – 600 000 = 247 135

Addiere schriftlich.

	M	HT	ZT	T	H	Z	E
		5	3	8	1	4	2
+		2	7	5	3	9	6
		1	1		1		
		8	1	3	5	3	8

	M	HT	ZT	T	H	Z	E
		4	0	0	7	1	4
+		3	1	9	7	8	1
			1	1			
		7	2	0	4	9	5

	M	HT	ZT	T	H	Z	E
		3	6	8	9	0	8
+		1	6	9	2	3	8
		1	1	1		1	
		5	3	8	1	4	6

	M	HT	ZT	T	H	Z	E
			1	0	8	5	3
+		2	3	5	6	2	7
				1		1	
		2	4	6	4	8	0

	M	HT	ZT	T	H	Z	E
		1	1	6	1	4	0
+		2	3	8	1	2	1
			1				
		3	5	4	2	6	1

	M	HT	ZT	T	H	Z	E
		6	0	7	5	7	8
+		3	5	9	4	7	6
			1	1	1	1	
		9	6	7	0	5	4

	M	HT	ZT	T	H	Z	E
		2	6	1	4	4	7
+		2	1	7	8	6	5
				1	1	1	
		4	7	9	3	1	2

	M	HT	ZT	T	H	Z	E
		2	6	1	2	6	2
+		3	8	1	6	9	1
		1			1		
		6	4	2	9	5	3

	M	HT	ZT	T	H	Z	E
			2	1	8	1	5
+		2	6	9	8	7	2
			1	1			
		2	9	1	6	8	7

	M	HT	ZT	T	H	Z	E
		5	7	2	9	4	2
+			1	3	8	5	2
				1			
		5	8	6	7	9	4

	M	HT	ZT	T	H	Z	E
		6	2	3	1	6	8
+		2	2	0	9	5	7
				1	1	1	
		8	4	4	1	2	5

	M	HT	ZT	T	H	Z	E
		2	1	6	7	9	2
+		7	4	8	5	8	7
			1	1	1		
		9	6	5	3	7	9

Schreibe die Aufgaben stellengerecht untereinander und addiere schriftlich.

682 517 + 194 378

	M	HT	ZT	T	H	Z	E
		6	8	2	5	1	7
+		1	9	4	3	7	8
		1				1	
		8	7	6	8	9	5

176 083 + 139 121

	M	HT	ZT	T	H	Z	E
		1	7	6	0	8	3
+		1	3	9	1	2	1
		1	1		1		
		3	1	5	2	0	4

470 789 + 170 583

	M	HT	ZT	T	H	Z	E
		4	7	0	7	8	9
+		1	7	0	5	8	3
		1		1	1	1	
		6	4	1	3	7	2

196 145 + 398 573

	M	HT	ZT	T	H	Z	E
		1	9	6	1	4	5
+		3	9	8	5	7	3
		1	1		1		
		5	9	4	7	1	8

511 928 + 426 508

	M	HT	ZT	T	H	Z	E
		5	1	1	9	2	8
+		4	2	6	5	0	8
				1		1	
		9	3	8	4	3	6

460 937 + 241 686

	M	HT	ZT	T	H	Z	E
		4	6	0	9	3	7
+		2	4	1	6	8	6
		1		1	1	1	
		7	0	2	6	2	3

132 543 + 124 526

	M	HT	ZT	T	H	Z	E
		1	3	2	5	4	3
+		1	2	4	5	2	6
				1			
		2	5	7	0	6	9

352 819 + 76 768

	M	HT	ZT	T	H	Z	E
		3	5	2	8	1	9
+			7	6	7	6	8
		1		1		1	
		4	2	9	5	8	7

596 284 + 287 651

	M	HT	ZT	T	H	Z	E
		5	9	6	2	8	4
+		2	8	7	6	5	1
		1	1		1		
		8	8	3	9	3	5

Das Übungsheft Basiswissen Mathematik 4 – Lösungen (Seite 30–33)

Subtrahiere schriftlich mit deinem Verfahren. *

	M	HT	ZT	T	H	Z	E
		9	3	5	6	4	1
–		7	5	4	8	2	0
		1		1			
		1	8	0	8	2	1

	M	HT	ZT	T	H	Z	E
		6	2	7	9	3	8
–		2	5	4	6	0	1
		1					
		3	7	3	3	3	7

	M	HT	ZT	T	H	Z	E
		8	2	7	2	5	2
–		6	3	7	6	1	8
		1	1	1		1	
		1	8	9	6	3	4

	M	HT	ZT	T	H	Z	E
		8	6	9	7	8	5
–			7	8	4	0	6
		1				1	
		7	9	1	3	7	9

	M	HT	ZT	T	H	Z	E
		1	2	5	3	6	4
–			8	7	8	6	2
		1	1	1			
			3	7	5	0	2

	M	HT	ZT	T	H	Z	E
		9	6	5	6	4	3
–		6	8	7	2	2	7
		1	1			1	
		2	7	8	4	1	6

	M	HT	ZT	T	H	Z	E
		1	0	7	4	5	9
–			6	1	2	7	6
		1			1		
			4	6	1	8	3

	M	HT	ZT	T	H	Z	E
		7	5	5	0	4	8
–		2	4	2	0	9	3
				1	1		
		5	1	2	9	5	5

	M	HT	ZT	T	H	Z	E
		4	3	0	1	8	4
–		1	6	5	9	3	4
		1	1	1			
		2	6	4	2	5	0

	M	HT	ZT	T	H	Z	E
		7	4	5	1	4	6
–		2	9	2	0	4	8
		1			1	1	
		4	5	3	0	9	8

	M	HT	ZT	T	H	Z	E
		9	1	1	2	3	9
–			1	5	4	7	8
		1	1	1	1		
		8	9	5	7	6	1

	M	HT	ZT	T	H	Z	E
		1	3	6	8	2	5
–			1	4	9	7	8
				1	1	1	
		1	2	1	8	4	7

* Beispiellösung: Dargestellt ist das Ergänzungsverfahren.

Schreibe die Aufgaben stellengerecht untereinander und subtrahiere schriftlich mit deinem Verfahren. *

732 148 – 234 636

	M	HT	ZT	T	H	Z	E
		7	3	2	1	4	8
–		2	3	4	6	3	6
		1	1	1			
		4	9	7	5	1	2

803 456 – 152 178

	M	HT	ZT	T	H	Z	E
		8	0	3	4	5	6
–		1	5	2	1	7	8
		1			1	1	
		6	5	1	2	7	8

610 578 – 428 179

	M	HT	ZT	T	H	Z	E
		6	1	0	5	7	8
–		4	2	8	1	7	9
		1	1		1	1	
		1	8	2	3	9	9

849 312 – 776 288

	M	HT	ZT	T	H	Z	E
		8	4	9	3	1	2
–		7	7	6	2	8	8
		1			1	1	
			7	3	0	2	4

736 842 – 239 679

	M	HT	ZT	T	H	Z	E
		7	3	6	8	4	2
–		2	3	9	6	7	9
		1	1		1	1	
		4	9	7	1	6	3

365 342 – 217 386

	M	HT	ZT	T	H	Z	E
		3	6	5	3	4	2
–		2	1	7	3	8	6
			1	1	1	1	
		1	4	7	9	5	6

697 534 – 482 847

	M	HT	ZT	T	H	Z	E
		6	9	7	5	3	4
–		4	8	2	8	4	7
				1	1	1	
		2	1	4	6	8	7

452 186 – 64 756

	M	HT	ZT	T	H	Z	E
		4	5	2	1	8	6
–			6	4	7	5	6
		1	1	1			
		3	8	7	4	3	0

511 489 – 76 178

	M	HT	ZT	T	H	Z	E
		5	1	1	4	8	9
–			7	6	1	7	8
		1	1				
		4	3	5	3	1	1

* Beispiellösung: Dargestellt ist das Ergänzungsverfahren.

Aufgabe:

	M	HT	ZT	T	H	Z	E
		8	1	9	0	2	6
–		5	3	7	8	4	1
		1		1	1		
		2	8	1	1	8	5

Umkehraufgabe:

	M	HT	ZT	T	H	Z	E
		2	8	1	1	8	5
+		5	3	7	8	4	1
		1		1	1		
		8	1	9	0	2	6

Rechne. Schreibe die Umkehraufgabe und kontrolliere. *

	M	HT	ZT	T	H	Z	E
			9	1	8	5	6
+		6	2	9	0	7	3
		1	1		1		
		7	2	0	9	2	9

	M	HT	ZT	T	H	Z	E
		7	2	0	9	2	9
–		6	2	9	0	7	3
		1	1		1		
			9	1	8	5	6

	M	HT	ZT	T	H	Z	E
		5	0	7	3	8	0
–		3	2	9	5	1	6
		1	1	1		1	
		1	7	7	8	6	4

	M	HT	ZT	T	H	Z	E
		1	7	7	8	6	4
+		3	2	9	5	1	6
		1	1	1		1	
		5	0	7	3	8	0

	M	HT	ZT	T	H	Z	E
		1	9	4	6	8	2
+		7	1	0	3	5	4
		1		1	1		
		9	0	5	0	3	6

	M	HT	ZT	T	H	Z	E
		9	0	5	0	3	6
–		7	1	0	3	5	4
		1		1	1		
		1	9	4	6	8	2

* Beispiellösung: Dargestellt ist das Ergänzungsverfahren.

1 Stunde = 60 Minuten
1 h = 60 min

1 h = 60 min
2 h = 120 min
3 h = 180 min
4 h = 240 min
5 h = 300 min
6 h = 360 min
7 h = 420 min
8 h = 480 min
9 h = 540 min
10 h = 600 min

Rechne aus, wie viel Zeit vergangen ist. Rechne bis zur nächsten vollen Stunde und dann weiter.

10.12 Uhr —48 min→ 11.00 Uhr
↓ 2 h = 120 min
13.00 Uhr —25 min→ 13.25 Uhr

48 min + 120 min + 25 min = 193 min = 3 h 13 min

15.36 Uhr —24 min→ 16.00 Uhr
↓ 5 h = 300 min
21.00 Uhr —42 min→ 21.42 Uhr

24 min + 300 min + 42 min = 366 min = 6 h 6 min

7.45 Uhr —15 min→ 8.00 Uhr
↓ 3 h = 180 min
11.00 Uhr —14 min→ 11.14 Uhr

15 min + 180 min + 14 min = 209 min = 3 h 29 min

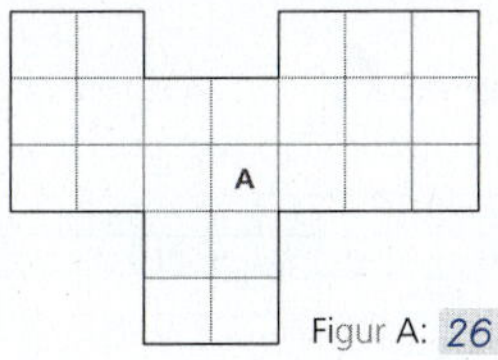

Figur A: 26 cm

1 Bestimme den Umfang der Figuren.

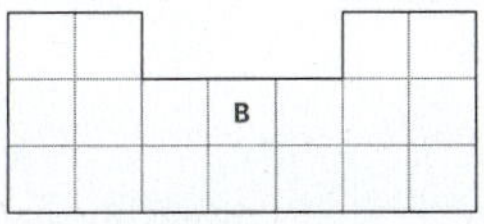

Figur B: 22 cm

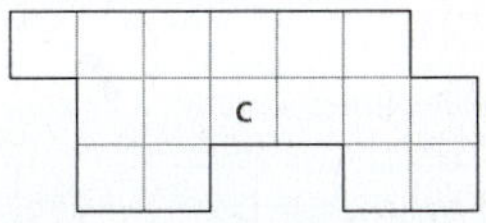

Figur C: 22 cm

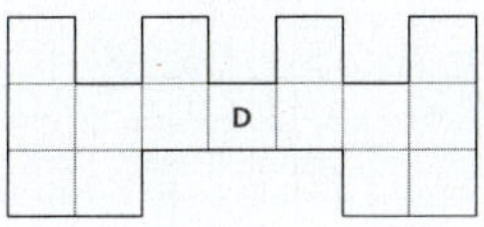

Figur D: 28 cm

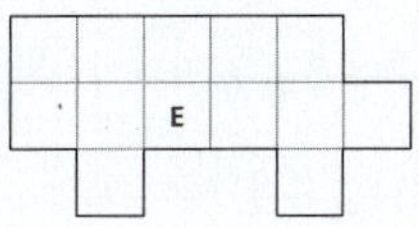

Figur E: 20 cm

2 Bestimme den Umfang der Figuren.

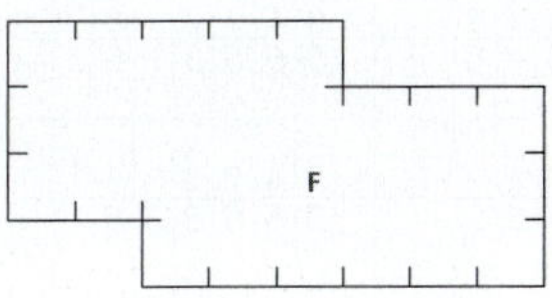

Figur F: 24 cm

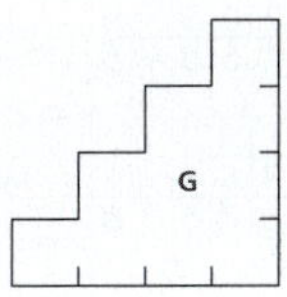

Figur G: 16 cm

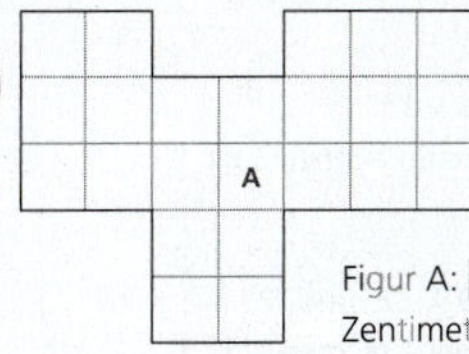

Figur A: 23 Zentimeterquadrate

1 Bestimme den Flächeninhalt der Figuren.

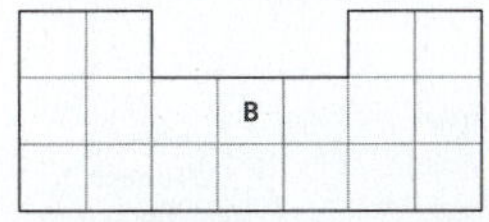

Figur B: 18 Zentimeterquadrate

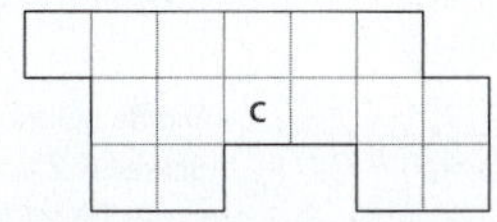

Figur C: 16 Zentimeterquadrate

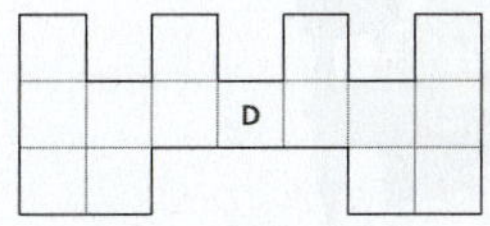

Figur D: 15 Zentimeterquadrate

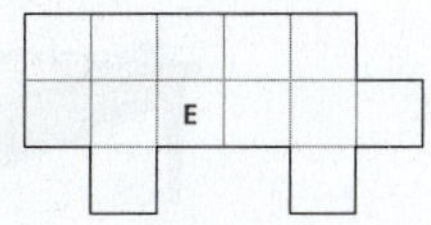

Figur E: 13 Zentimeterquadrate

2 Bestimme den Flächeninhalt der Figuren.

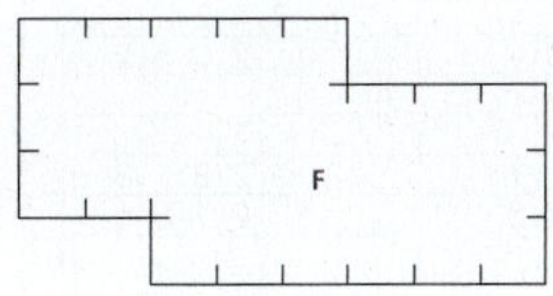

Figur F: 27 Zentimeterquadrate

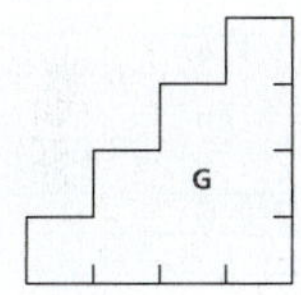

Figur G: 10 Zentimeterquadrate

5 · 7 = 35
50 · 7 = 350
500 · 7 = 3 500
5 000 · 7 = 35 000
50 000 · 7 = 350 000

1 Multipliziere.

3 · 9 = 27
30 · 9 = 270
300 · 9 = 2 700
3 000 · 9 = 27 000
30 000 · 9 = 270 000

8 · 6 = 48
80 · 6 = 480
800 · 6 = 4 800
8 000 · 6 = 48 000
80 000 · 6 = 480 000

2 Multipliziere.

4 · 7 = 28
4 · 70 = 280
4 · 700 = 2 800
4 · 7 000 = 28 000
4 · 70 000 = 280 000

5 · 2 = 10
5 · 20 = 100
5 · 200 = 1 000
5 · 2 000 = 10 000
5 · 20 000 = 100 000

3 Multipliziere.

9 · 1 000 = 9 000
80 000 · 7 = 560 000
3 · 500 = 1 500
200 000 · 4 = 800 000
70 · 6 = 420

300 · 2 = 600
4 · 8 000 = 32 000
900 · 3 = 2 700
50 · 600 = 30 000
100 000 · 7 = 700 000

4 · 6000 = 24 000
4 · 6 = 24

500 · 3 = 1 500
5 · 3 = 15

20 · 700 = 14 000
2 · 7 = 14

4000 · 80 = 320 000
4 · 8 = 32

1 Finde die kleine Aufgabe und multipliziere.

9 · 8000 = 72 000
9 · 8 = 72

300 · 4 = 1 200
3 · 4 = 12

100 000 · 5 = 500 000
1 · 5 = 5

6 · 70 000 = 420 000
6 · 7 = 42

2 Finde die kleine Aufgabe und multipliziere.

8 000 · 30 = 240 000
8 · 3 = 24

900 · 40 = 36 000
9 · 4 = 36

50 · 70 = 3 500
5 · 7 = 35

200 · 600 = 120 000
2 · 6 = 12

7 9 **5** · **3** 5	**3** · **5** = 15 Schreibe 5, merke dir 1.
7 **9** 5 · **3** 8 5	**3** · **9** = 27 und 27 + 1 = 28. Schreibe 8, merke dir 2.
7 9 5 · **3** 3 8 5	**3** · **7** = 21 und 21 + 2 = 23. Schreibe 3, merke dir 2.
7 9 5 · 3 2 3 8 5	Die Rechnung ist zu Ende. Schreibe 2.

Multipliziere schriftlich.

687 · 2 = 1374
951 · 4 = 3804
342 · 6 = 2052
864 · 5 = 4320
436 · 7 = 3052
728 · 3 = 2184

1 Multipliziere schriftlich.

608 · 3 = 1824
294 · 5 = 1470
781 · 8 = 6248
315 · 7 = 2205
960 · 2 = 1920
457 · 4 = 1828

2 Multipliziere schriftlich.

7893 · 6 = 47358
5724 · 3 = 17172
6308 · 9 = 56772
1438 · 5 = 7190
2071 · 4 = 8284
5916 · 7 = 41412

3 Multipliziere schriftlich.

46205 · 9 = 415845
85016 · 3 = 255048
70422 · 8 = 563376
93768 · 2 = 187536
11059 · 7 = 77413
59473 · 6 = 356838

1 3 7 8 · **2** 6 2 7 5 6 **0**	Multipliziere 1 378 mit 2 schriftlich. Beginne stellengerecht unter der 2. Ergänze eine Null (0) an der Einerstelle.
1 3 7 8 · 2 **6** 2 7 5 6 0 8 2 6 8	Multipliziere 1 378 mit 6 schriftlich. Schreibe das Ergebnis stellengerecht in die nächste Reihe.
1 3 7 8 · 2 6 **2 7 5 6 0** **8 2 6 8** 3 5 8 2 8	Addiere die beiden Zwischenergebnisse schriftlich.

Multipliziere schriftlich.

3524 · 19: 35240 + 31716 = 66956
2103 · 57: 105150 + 14721 = 119871
1846 · 62: 110760 + 3692 = 114452
5098 · 24: 101960 + 20392 = 122352
7917 · 83: 633360 + 23751 = 657111
4260 · 31: 127800 + 4260 = 132060

3108 · 24: 62160 + 12432 = 74592

3108 · 243: 621600 + 124320 + 9324 = 755244

1 Multipliziere schriftlich.

5406 · 72: 378420 + 10812 = 389232
6548 · 13: 65480 + 19644 = 85124
172 · 91: 15480 + 172 = 15652
8703 · 40: 348120 + 0000 = 348120
506 · 68: 30360 + 4048 = 34408
7951 · 25: 159020 + 39755 = 198775

2 Multipliziere schriftlich.

1286 · 359: 385800 + 64300 + 11574 = 461674
845 · 721: 591500 + 16900 + 845 = 609245
5092 · 164: 509200 + 305520 + 20368 = 835088
3617 · 105: 361700 + 00000 + 18085 = 379785
2451 · 278: 490200 + 171570 + 19608 = 681378
362 · 983: 325800 + 28960 + 1086 = 355846

4279 · 52

Übertrage die Aufgabe und multipliziere schriftlich. Zeichne, wenn nötig, eine Linie nach den Zwischenergebnissen.

3589 · 261	4923 · 3	6751 · 78
3589 · 261	4923 · 3	6751 · 78
717800	14769	472570
215340		54008
3589		526578
936729		

7445 · 9	5136 · 46	1072 · 804
7445 · 9	5136 · 46	1072 · 804
67005	205440	857600
	30816	00000
	236256	4288
		861888

9204 · 13	1280 · 692	8369 · 5
9204 · 13	1280 · 692	8369 · 5
92040	768000	41845
27612	115200	
119652	2560	
	885760	

1 Ordne jedem Viereck die richtige Beschreibung zu. Verbinde.

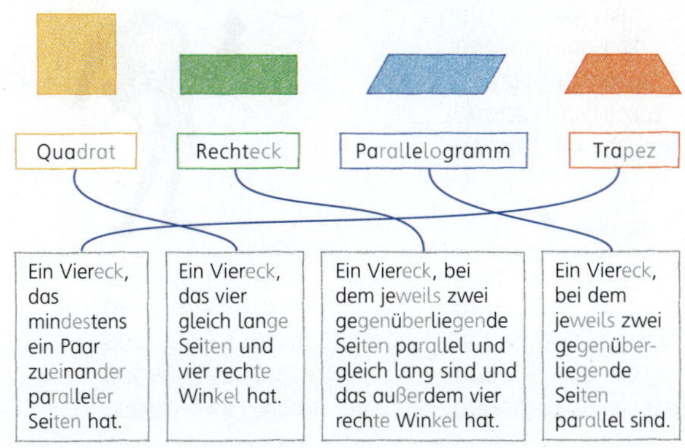

Quadrat | Rechteck | Parallelogramm | Trapez

- Ein Viereck, das mindestens ein Paar zueinander paralleler Seiten hat.
- Ein Viereck, das vier gleich lange Seiten und vier rechte Winkel hat.
- Ein Viereck, bei dem jeweils zwei gegenüberliegende Seiten parallel und gleich lang sind und das außerdem vier rechte Winkel hat.
- Ein Viereck, bei dem jeweils zwei gegenüberliegende Seiten parallel sind.

2 Färbe die Vierecke in den oben abgebildeten Farben. Schreibe ihre Anzahl auf.

3 Quadrate 6 Rechtecke 3 Parallelogramme 2 Trapeze

1 Multipliziere schriftlich und setze das Komma.

51,6 · 8 = 412,8   75,7 · 6 = 454,2   45,9 · 2 = 91,8

2 Multipliziere schriftlich und setze das Komma.

13,82 · 5 = 69,10   62,34 · 7 = 436,38   94,17 · 1 = 94,17

3 Multipliziere schriftlich und setze das Komma.

20,863 · 4 = 83,452   74,559 · 3 = 223,677   42,026 · 9 = 378,234

1 Multipliziere schriftlich und setze das Komma.

3,86 · 12	576,1 · 72	24,839 · 63
3860	403270	1490340
772	11522	74517
46,32	41479,2	1564,857

2 Multipliziere schriftlich und setze das Komma.

9,86 · 184	4,375 · 236	1263,2 · 517
98600	875000	6316000
78880	131250	126320
3944	26250	88424
1814,24	1032,500	653074,4

8 : 4 = 2
80 : 4 = 20
800 : 4 = 200
8 000 : 4 = 2 000
80 000 : 4 = 20 000
800 000 : 4 = 200 000

1 Dividiere.

21 : 3 = 7	64 : 8 = 8
210 : 3 = 70	640 : 8 = 80
2 100 : 3 = 700	6 400 : 8 = 800
21 000 : 3 = 7 000	64 000 : 8 = 8 000
210 000 : 3 = 70 000	640 000 : 8 = 80 000

2 Finde die kleine Aufgabe und dividiere.

2 000 : 5 = 400	600 000 : 2 = 300 000
20 : 5 = 4	6 : 2 = 3
4 500 : 9 = 500	49 000 : 7 = 7 000
45 : 9 = 5	49 : 7 = 7

3 Dividiere. Denke an die kleine Aufgabe.

36 000 : 6 = 6 000	900 : 3 = 300
180 000 : 9 = 20 000	350 000 : 5 = 70 000
7 200 : 8 = 900	280 : 7 = 40
150 000 : 3 = 50 000	16 000 : 2 = 8 000

80 0~~00~~ : 4~~00~~ = 200 800 : 4 = 200	270 00~~0~~ : 9~~0~~ = 3 000 27 000 : 9 = 3 000
10~~0 000~~ : 2~~0 000~~ = 5 10 : 2 = 5	24 ~~000~~ : 6 ~~000~~ = 4 24 : 6 = 4

Streiche auf beiden Seiten des Geteiltzeichens gleich viele Nullen. Dividiere dann.

540 0~~00~~ : 6~~00~~ = 900 5 400 : 6 = 900	56~~0 000~~ : 8~~0 000~~ = 7 56 : 8 = 7
3 20~~0~~ : 4~~0~~ = 80 320 : 4 = 80	360 00~~0~~ : 9~~0~~ = 4 000 36 000 : 9 = 4 000
25 ~~000~~ : 5 ~~000~~ = 5 25 : 5 = 5	24 0~~00~~ : 8~~00~~ = 30 240 : 8 = 30
42 0~~00~~ : 7~~00~~ = 60 420 : 7 = 60	270 00~~0~~ : 3~~0~~ = 9 000 27 000 : 3 = 9 000
72 ~~000~~ : 9 ~~000~~ = 8 72 : 9 = 8	300 0~~00~~ : 6~~00~~ = 500 3 000 : 6 = 500

7 5 : 3 = 2
6

7 : 3 passt 2 mal, denn 2 · **3** = 6.

7 5 : 3 = 2
6
1

7 – **6** = 1.

7 5 : 3 = 2
6 ↓
1 5

Die nächste Ziffer (**5** → 5) nach unten holen.

7 5 : 3 = 2 5
6
1 5
1 5

15 : 3 passt 5 mal, denn 5 · **3** = 15.

7 5 : 3 = 2 5
6
1 5
1 5
0

15 – **15** = 0.
Alle Ziffern wurden nach unten geholt.

0 bleibt übrig (Rest 0).

Dividiere schriftlich.

```
96 : 4 = 24     78 : 6 = 13     94 : 2 = 47
8               6               8
16              18              14
16              18              14
 0               0               0

952 : 7 = 136   867 : 3 = 289   776 : 4 = 194
7               6               4
25              26              37
21              24              36
 42              27              16
 42              27              16
  0               0               0
```


2 5 4 1 : 3 =

```
2541 : 3 = 847
24
 14
 12
  21
  21
   0
```

Dividiere schriftlich.

```
3145 : 5 = 629      6624 : 9 = 736
30                  63
 14                  32
 10                  27
  45                  54
  45                  54
   0                   0

2568 : 6 = 428      7712 : 8 = 964
24                  72
 16                  51
 12                  48
  48                  32
  48                  32
   0                   0

143896 : 4 = 35974      456736 : 7 = 65248
12                      42
 23                      36
 20                      35
  38                      17
  36                      14
   29                      33
   28                      28
    16                      56
    16                      56
     0                       0
```

75102 : 3 = 25
6
15
15
0

75102 : 3 = 250
6
15
15
01
0
1

75102 : 3 = 250
6
15
15
01
0
10

Dividiere schriftlich. Achte auf die Nullen.

75102 : 3 = 25034
6
15
15
01
0
10
9
12
12
0

270613 : 7 = 38659
21
60
56
46
42
41
35
63
63
0

430496 : 8 = 53812
40
30
24
64
64
09
8
16
16
0

245365 : 5 = 49073
20
45
45
03
0
36
35
15
15
0

3276 : 9 = 364
27
57
54
36
36
0

K: 364 · 9
3276

Dividiere schriftlich. Kontrolliere mit der Multiplikationsaufgabe.

393408 : 4 = 98352
36
33
32
14
12
20
20
08
8
0

K: 98352 · 4
393408

215436 : 6 = 35906
18
35
30
54
54
03
0
36
36
0

K: 35906 · 6
215436

519344 : 7 = 74192
49
29
28
13
7
64
63
14
14
0

K: 74192 · 7
519344

241860 : 5 = 48372
20
41
40
18
15
36
35
10
10
0

K: 48372 · 5
241860

4359 : 7 = 622 R5
42
15
14
19
14
5

Dividiere schriftlich. Bestimme den Rest.

5361 : 6 = 893 R3
48
56
54
21
18
3

4928 : 3 = 1642 R2
3
19
18
12
12
08
6
2

37501 : 4 = 9375 R1
36
15
12
30
28
21
20
1

Dividiere schriftlich. Manchmal bleibt ein Rest.

68305 : 7 = 9757 R6
63
53
49
40
35
55
49
6

137945 : 5 = 27589
10
37
35
29
25
44
40
45
45
0

367018 : 8 = 45877 R2
32
47
40
70
64
61
56
58
56
2

2873 : 13 = 221
26
27
26
13
13
0

Dividiere schriftlich.

88396 : 28 = 3157
84
43
28
159
140
196
196
0

98346 : 74 = 1329
74
243
222
214
148
666
666
0

91845 : 65 = 1413
65
268
260
84
65
195
195
0

81276 : 39 = 2084
78
32
0
327
312
156
156
0

Dividiere schriftlich.

219861 : 27 = 8143
216
38
27
116
108
81
81
0

317985 : 51 = 6235
306
119
102
178
153
255
255
0

171396 : 46 = 3726
138
333
322
119
92
276
276
0

158464 : 32 = 4952
128
304
288
166
160
64
64
0

8,91 : 3

8,91 : 3 = 2,
6 ↓
29

8,91 : 3 = 2,97
6
29
27
21
21
0

Dividiere schriftlich und setze das Komma.

9,872 : 8 = 1,234
8
18
16
27
24
32
32
0

73,80 : 5 = 14,76
5
23
20
38
35
30
30
0

821,4 : 6 = 136,9
6
22
18
41
36
54
54
0

97,08 : 4 = 24,27
8
17
16
10
8
28
28
0

Dividiere schriftlich und setze das Komma.

345,2 : 4 = 86,3
32
25
24
12
12
0

58,68 : 9 = 6,52
54
46
45
18
18
0

38,276 : 7 = 5,468
35
32
28
47
42
56
56
0

147,85 : 5 = 29,57
10
47
45
28
25
35
35
0

205,41 : 3 = 68,47
18
25
24
14
12
21
21
0

7502,4 : 8 = 937,8
72
30
24
62
56
64
64
0

1 Kilogramm = 1 000 Gramm
1 kg = 1 000 g

1 Wandle in Gramm um.

4 kg = 4 000 g
35 kg = 35 000 g
801 kg = 801 000 g
70 kg = 70 000 g
162 kg = 162 000 g
98 kg = 98 000 g

2 Wandle in Kilogramm um.

409 000 g = 409 kg
90 000 g = 90 kg
2 000 g = 2 kg
6 000 g = 6 kg
318 000 g = 318 kg
54 000 g = 54 kg

3 Trage die Werte in die Stellenwerttabelle ein und wandle in die angegebene Einheit um.

	kg			g			
	100 kg	10 kg	1 kg	100 g	10 g	1 g	
13 kg 50 g		1	3	0	5	0	13 050 g 13,050 kg
216 kg 140 g	2	1	6	1	4	0	216 140 g 216,140 kg
1 kg 1 g			1	0	0	1	1 001 g 1,001 kg
48 kg 275 g		4	8	2	7	5	48 275 g 48,275 kg

4 Wandle in die angegebene Einheit um.

173 kg 586 g = 173 586 g
173 kg 586 g = 173,586 kg
9 kg 63 g = 9 063 g
9 kg 63 g = 9,063 kg

1 Tonne = 1 000 Kilogramm
1 t = 1 000 kg

1 Wandle in Kilogramm um.

6 t = 6 000 kg
12 t = 12 000 kg
950 t = 950 000 kg
70 t = 70 000 kg
540 t = 540 000 kg
1 000 t = 1 000 000 kg

2 Wandle in Tonnen um.

36 000 kg = 36 t
4 000 kg = 4 t
100 000 kg = 100 t
570 000 kg = 570 t
29 000 kg = 29 t
8 000 kg = 8 t

3 Trage die Werte in die Stellenwerttabelle ein und wandle in die angegebene Einheit um.

	t			kg			
	100 t	10 t	1 t	100 kg	10 kg	1 kg	
7 t 6 kg			7	0	0	6	7 006 kg 7,006 t
35 t 816 kg		3	5	8	1	6	35 816 kg 35,816 t
1 t 500 kg			1	5	0	0	1 500 kg 1,500 t
12 t 24 kg		1	2	0	2	4	12 024 kg 12,024 t

4 Wandle in die angegebene Einheit um.

100 t 372 kg = 100 372 kg
100 t 372 kg = 100,372 t
68 t 5 kg = 68 005 kg
68 t 5 kg = 68,005 t

1 Kilometer = 1 000 Meter
1 km = 1 000 m

1 Wandle in Meter um.

27 km = 27 000 m
613 km = 613 000 m
1 000 km = 1 000 000 m
82 km = 82 000 m
9 km = 9 000 m
564 km = 564 000 m

2 Wandle in Kilometer um.

6 000 m = 6 km
89 000 m = 89 km
751 000 m = 751 km
12 000 m = 12 km
348 000 m = 348 km
4 000 m = 4 km

3 Trage die Werte in die Stellenwerttabelle ein und wandle in die angegebene Einheit um.

	km			m			
	100 km	10 km	1 km	100 m	10 m	1 m	
5 km 73 m			5	0	7	3	5 073 m 5,073 km
11 km 422 m		1	1	4	2	2	11 422 m 11,422 km
8 km 1 m			8	0	0	1	8 001 m 8,001 km
634 km 290 m	6	3	4	2	9	0	634 290 m 634,290 km

4 Wandle in die angegebene Einheit um.

96 km 8 m = 96 008 m
96 km 8 m = 96,008 km
478 km 36 m = 478 036 m
478 km 36 m = 478,036 km

1 Meter = 100 Zentimeter
1 m = 100 cm

1 Zentimeter = 10 Millimeter
1 cm = 10 mm

1 Trage die Werte in die Stellenwerttabelle ein und wandle in die angegebene Einheit um.

	m			cm		
	100 m	10 m	1 m	10 cm	1 cm	
1 m 93 cm			1	9	3	193 cm 1,93 m
871 m 15 cm	8	7	1	1	5	87 115 cm 871,15 m

2 Wandle in die angegebene Einheit um.

100 m 20 cm = 10 020 cm
100 m 20 cm = 100,20 m
365 m 4 cm = 36 504 cm
365 m 4 cm = 365,04 m

3 Trage die Werte in die Stellenwerttabelle ein und wandle in die angegebene Einheit um.

	cm		mm	
	10 cm	1 cm	1 mm	
12 cm 3 mm	1	2	3	123 mm 12,3 cm
81 cm 6 mm	8	1	6	816 mm 81,6 cm

4 Wandle in die angegebene Einheit um.

87 cm 2 mm = 872 mm
87 cm 2 mm = 87,2 cm
401 cm 5 mm = 4 015 mm
401 cm 5 mm = 401,5 cm

1 Zeichne um die Mittelpunkte M und N jeweils einen Kreis mit dem Radius r = 3 cm.

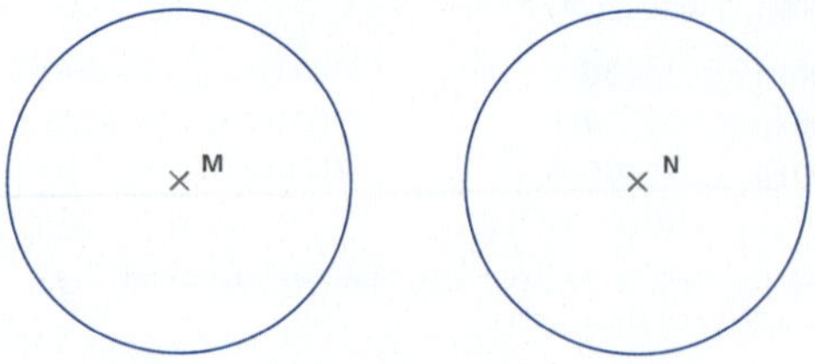

2 Zeichne um den Mittelpunkt M Kreise mit dem Radius r = 2 cm, r = 4 cm und r = 5 cm.

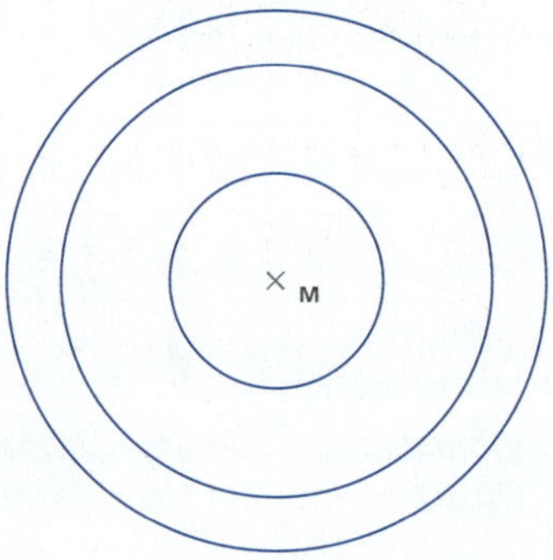

1 Liter = 1000 Milliliter
1 l = 1000 ml

1 Wandle in Milliliter um.

2 l = 2000 ml
16 l = 16 000 ml
53 l = 53 000 ml
74 l = 74 000 ml
300 l = 300 000 ml
9 l = 9000 ml

2 Wandle in Liter um.

4000 ml = 4 l
61 000 ml = 61 l
1 000 000 ml = 1000 l
38 000 ml = 38 l
7000 ml = 7 l
825 000 ml = 825 l

3 Trage die Werte in die Stellenwerttabelle ein und wandle in die angegebene Einheit um.

	l			ml			
	100 l	10 l	1 l	100 ml	10 ml	1 ml	
86 l 3 ml		8	6	0	0	3	86 003 ml 86,003 l
4 l 261 ml			4	2	6	1	4 261 ml 4,261 l
120 l 75 ml	1	2	0	0	7	5	120 075 ml 120,075 l
39 l 506 ml		3	9	5	0	6	39 506 ml 39,506 l

4 Wandle in die angegebene Einheit um.

6 l 94 ml = 6094 ml
6 l 94 ml = 6,094 l
51 l 748 ml = 51 748 ml
51 l 748 ml = 51,748 l

1	2	3	10	20	30
4	5	6	40	50	60
7	8	9	70	80	90

1	10	100	100
2	20	200	200
3	30	300	300
4	40	400	400
5	50	500	500
6	60	600	600

dreißig	zwanzig	zehn	drei	zwei	eins
sechzig	fünfzig	vierzig	sechs	fünf	vier
neunzig	achtzig	siebzig	neun	acht	sieben

einhundert	einhundert	zehn	eins
zweihundert	zweihundert	zwanzig	zwei
dreihundert	dreihundert	dreißig	drei
vierhundert	vierhundert	vierzig	vier
fünfhundert	fünfhundert	fünfzig	fünf
sechshundert	sechshundert	sechzig	sechs

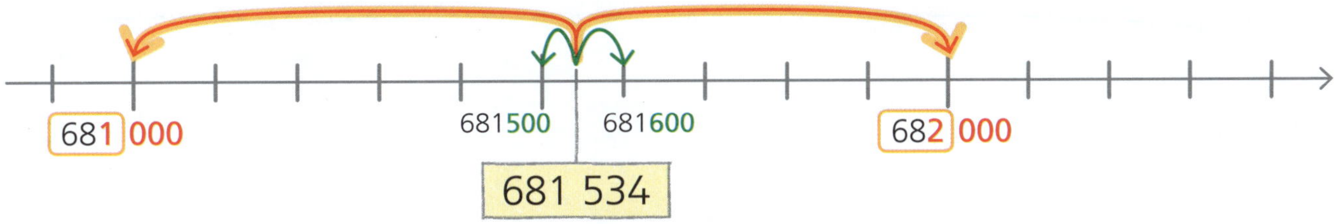

1 Bestimme die Nachbarhunderter.

Nachbarhunderter	Zahl	Nachbarhunderter
	681 534	
	359 716	
	825 109	
	413 892	

2 Bestimme die Nachbarhunderter.

_____ < 974 623 < _____

_____ < 508 247 < _____

_____ < 297 461 < _____

_____ < 742 958 < _____

3 Bestimme die Nachbartausender.

Nachbartausender	Zahl	Nachbartausender
	681 534	
	359 716	
	825 109	
	413 892	

4 Bestimme die Nachbartausender.

_____ < 974 623 < _____

_____ < 508 247 < _____

_____ < 297 461 < _____

_____ < 742 958 < _____

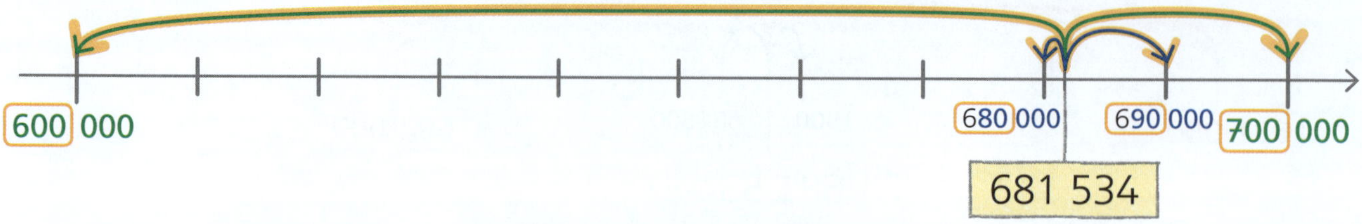

1 Bestimme die Nachbarzehntausender.

Nachbarzehntausender	Zahl	Nachbarzehntausender
	681 534	
	359 716	
	825 109	
	413 892	

2 Bestimme die Nachbarzehntausender.

_____ < 974 623 < _____
_____ < 508 247 < _____
_____ < 297 461 < _____
_____ < 742 958 < _____

3 Bestimme die Nachbarhunderttausender.

Nachbarhunderttausender	Zahl	Nachbarhunderttausender
	681 534	
	359 716	
	825 109	
	413 892	

4 Bestimme die Nachbarhunderttausender.

_____ < 974 623 < _____
_____ < 508 247 < _____
_____ < 297 461 < _____
_____ < 742 958 < _____

Würfel | Quader | Kegel | Zylinder | Pyramide | Prisma | Kugel

Färbe die Körpernetze in den oben abgebildeten Farben.

1 Addiere.

4 + 5 =
40 + 50 =
400 + 500 =
4 000 + 5 000 =
40 000 + 50 000 =
400 000 + 500 000 =

1 + 4 =
10 + 40 =
100 + 400 =
1 000 + 4 000 =
10 000 + 40 000 =
100 000 + 400 000 =

6 + 2 =
60 + 20 =
600 + 200 =
6 000 + 2 000 =
60 000 + 20 000 =
600 000 + 200 000 =

3 + 7 =
30 + 70 =
300 + 700 =
3 000 + 7 000 =
30 000 + 70 000 =
300 000 + 700 000 =

2 Addiere.

13 + 46 =
130 + 460 =
1 300 + 4 600 =
13 000 + 46 000 =
130 000 + 460 000 =

42 + 31 =
420 + 310 =
4 200 + 3 100 =
42 000 + 31 000 =
420 000 + 310 000 =

55 + 9 =
550 + 90 =
5 500 + 900 =
55 000 + 9 000 =
550 000 + 90 000 =

24 + 63 =
240 + 630 =
2 400 + 6 300 =
24 000 + 63 000 =
240 000 + 630 000 =

1 Subtrahiere.

8 – 6 =
80 – 60 =
800 – 600 =
8 000 – 6 000 =
80 000 – 60 000 =
800 000 – 600 000 =

9 – 4 =
90 – 40 =
900 – 400 =
9 000 – 4 000 =
90 000 – 40 000 =
900 000 – 400 000 =

10 – 3 =
100 – 30 =
1 000 – 300 =
10 000 – 3 000 =
100 000 – 30 000 =
1 000 000 – 300 000 =

5 – 2 =
50 – 20 =
500 – 200 =
5 000 – 2 000 =
50 000 – 20 000 =
500 000 – 200 000 =

2 Subtrahiere.

96 – 55 =
960 – 550 =
9 600 – 5 500 =
96 000 – 55 000 =
960 000 – 550 000 =

78 – 42 =
780 – 420 =
7 700 – 4 200 =
78 000 – 42 000 =
780 000 – 420 000 =

63 – 25 =
630 – 250 =
6 300 – 2 500 =
63 000 – 25 000 =
630 000 – 250 000 =

100 – 86 =
1 000 – 860 =
10 000 – 8 600 =
100 000 – 86 000 =
1 000 000 – 860 000 =

1 Addiere.

843 276 + 1 =	425 301 + 4 =
843 276 + 10 =	425 301 + 40 =
843 276 + 100 =	425 301 + 400 =
843 276 + 1 000 =	425 301 + 4 000 =
843 276 + 10 000 =	425 301 + 40 000 =
843 276 + 100 000 =	425 301 + 400 000 =

560 134 + 3 =	752 164 + 2 =
560 134 + 30 =	752 164 + 20 =
560 134 + 300 =	752 164 + 200 =
560 134 + 3 000 =	752 164 + 2 000 =
560 134 + 30 000 =	752 164 + 20 000 =
560 134 + 300 000 =	752 164 + 200 000 =

2 Addiere.

312 725 + 6 =	154 083 + 8 =
312 725 + 60 =	154 083 + 80 =
312 725 + 600 =	154 083 + 800 =
312 725 + 6 000 =	154 083 + 8 000 =
312 725 + 60 000 =	154 083 + 80 000 =
312 725 + 600 000 =	154 083 + 800 000 =

1 Subtrahiere.

364 753 – 2 = ___
364 753 – 20 = ___
364 753 – 200 = ___
364 753 – 2 000 = ___
364 753 – 20000 = ___
364 753 – 200 000 = ___

975 428 – 1 = ___
975 428 – 10 = ___
975 428 – 100 = ___
975 428 – 1 000 = ___
975 428 – 10 000 = ___
975 428 – 100 000 = ___

697 589 – 5 = ___
697 589 – 50 = ___
697 589 – 500 = ___
697 589 – 5 000 = ___
697 589 – 50 000 = ___
697 589 – 500 000 = ___

463 795 – 3 = ___
463 795 – 30 = ___
463 795 – 300 = ___
463 795 – 3 000 = ___
463 795 – 30 000 = ___
463 795 – 300 000 = ___

2 Subtrahiere.

583 612 – 4 = ___
583 612 – 40 = ___
583 612 – 400 = ___
583 612 – 4 000 = ___
583 612 – 40 000 = ___
583 612 – 400 000 = ___

847 135 – 6 = ___
847 135 – 60 = ___
847 135 – 600 = ___
847 135 – 6 000 = ___
847 135 – 60 000 = ___
847 135 – 600 000 = ___

Addiere schriftlich.

	M	HT	ZT	T	H	Z	E
		5	3	8	1	4	2
+		2	7	5	3	9	6

	M	HT	ZT	T	H	Z	E
		4	0	0	7	1	4
+		3	1	9	7	8	1

	M	HT	ZT	T	H	Z	E
		3	6	8	9	0	8
+		1	6	9	2	3	8

	M	HT	ZT	T	H	Z	E
			1	0	8	5	3
+		2	3	5	6	2	7

	M	HT	ZT	T	H	Z	E
		1	1	6	1	4	0
+		2	3	8	1	2	1

	M	HT	ZT	T	H	Z	E
		6	0	7	5	7	8
+		3	5	9	4	7	6

	M	HT	ZT	T	H	Z	E
		2	6	1	4	4	7
+		2	1	7	8	6	5

	M	HT	ZT	T	H	Z	E
		2	6	1	2	6	2
+		3	8	1	6	9	1

	M	HT	ZT	T	H	Z	E
			2	1	8	1	5
+		2	6	9	8	7	2

	M	HT	ZT	T	H	Z	E
		5	7	2	9	4	2
+			1	3	8	5	2

	M	HT	ZT	T	H	Z	E
		6	2	3	1	6	8
+		2	2	0	9	5	7

	M	HT	ZT	T	H	Z	E
		2	1	6	7	9	2
+		7	4	8	5	8	7

Schreibe die Aufgaben stellengerecht untereinander und addiere schriftlich.

682 517 + 194 378

	M	HT	ZT	T	H	Z	E
		6	8	2	5	1	7
+		1	9	4	3	7	8

176 083 + 139 121

	M	HT	ZT	T	H	Z	E
+							

470 789 + 170 583

	M	HT	ZT	T	H	Z	E
+							

196 145 + 398 573

	M	HT	ZT	T	H	Z	E
+							

511 928 + 426 508

	M	HT	ZT	T	H	Z	E
+							

460 937 + 241 686

	M	HT	ZT	T	H	Z	E
+							

132 543 + 124 526

	M	HT	ZT	T	H	Z	E
+							

352 819 + 76 768

	M	HT	ZT	T	H	Z	E
+							

596 284 + 287 651

	M	HT	ZT	T	H	Z	E
+							

Subtrahiere schriftlich mit deinem Verfahren.

	M	HT	ZT	T	H	Z	E
		9	3	5	6	4	1
−		7	5	4	8	2	0

	M	HT	ZT	T	H	Z	E
		6	2	7	9	3	8
−		2	5	4	6	0	1

	M	HT	ZT	T	H	Z	E
		8	2	7	2	5	2
−		6	3	7	6	1	8

	M	HT	ZT	T	H	Z	E
		8	6	9	7	8	5
−			7	8	4	0	6

	M	HT	ZT	T	H	Z	E
		1	2	5	3	6	4
−			8	7	8	6	2

	M	HT	ZT	T	H	Z	E
		9	6	5	6	4	3
−		6	8	7	2	2	7

	M	HT	ZT	T	H	Z	E
		1	0	7	4	5	9
−			6	1	2	7	6

	M	HT	ZT	T	H	Z	E
		7	5	5	0	4	8
−		2	4	2	0	9	3

	M	HT	ZT	T	H	Z	E
		4	3	0	1	8	4
−		1	6	5	9	3	4

	M	HT	ZT	T	H	Z	E
		7	4	5	1	4	6
−		2	9	2	0	4	8

	M	HT	ZT	T	H	Z	E
		9	1	1	2	3	9
−			1	5	4	7	8

	M	HT	ZT	T	H	Z	E
		1	3	6	8	2	5
−			1	4	9	7	8

Schreibe die Aufgaben stellengerecht untereinander und subtrahiere schriftlich mit deinem Verfahren.

732 148 – 234 636

	M	HT	ZT	T	H	Z	E
		7	3	2	1	4	8
–		2	3	4	6	3	6

803 456 – 152 178

	M	HT	ZT	T	H	Z	E
–							

610 578 – 428 179

	M	HT	ZT	T	H	Z	E
–							

849 312 – 776 288

	M	HT	ZT	T	H	Z	E
–							

736 842 – 239 679

	M	HT	ZT	T	H	Z	E
–							

365 342 – 217 386

	M	HT	ZT	T	H	Z	E
–							

697 534 – 482 847

	M	HT	ZT	T	H	Z	E
–							

452 186 – 64 756

	M	HT	ZT	T	H	Z	E
–							

511 489 – 76 178

	M	HT	ZT	T	H	Z	E
–							

Aufgabe:

	M	HT	ZT	T	H	Z	E
		8	1	9	0	2	6
−		5	3	7	8	4	1
		1		1	1		
		2	8	1	1	8	5

Umkehraufgabe:

	M	HT	ZT	T	H	Z	E
		2	8	1	1	8	5
+		5	3	7	8	4	1
		1		1	1		
		8	1	9	0	2	6

Rechne. Schreibe die Umkehraufgabe und kontrolliere.

	M	HT	ZT	T	H	Z	E
			9	1	8	5	6
+		6	2	9	0	7	3

	M	HT	ZT	T	H	Z	E
−							

	M	HT	ZT	T	H	Z	E
		5	0	7	3	8	0
−		3	2	9	5	1	6

	M	HT	ZT	T	H	Z	E
+							

	M	HT	ZT	T	H	Z	E
		1	9	4	6	8	2
+		7	1	0	3	5	4

	M	HT	ZT	T	H	Z	E
−							

1 Stunde = 60 Minuten
1 h = 60 min

1 h = ___ min
2 h = ___ min
3 h = ___ min
4 h = ___ min
5 h = ___ min
6 h = ___ min
7 h = ___ min
8 h = ___ min
9 h = ___ min
10 h = ___ min

Rechne aus, wie viel Zeit vergangen ist. Rechne bis zur nächsten vollen Stunde und dann weiter.

10.12 Uhr —(48 min)→ 11.00 Uhr
↓ 2 h = 120 min
13.00 Uhr —(___ min)→ 13.25 Uhr

48 min + 120 min + ___ min = ___ min = ___ h ___ min

15.36 Uhr —(___ min)→ ___.00 Uhr
↓ ___ h = ___ min
___.00 Uhr —(___ min)→ 21.42 Uhr

___ min + ___ min + ___ min = ___ min = ___ h ___ min

7.45 Uhr —(___ min)→ ___.00 Uhr
↓ ___ h = ___ min
___.00 Uhr —(___ min)→ 11.14 Uhr

___ min + ___ min + ___ min = ___ min = ___ h ___ min

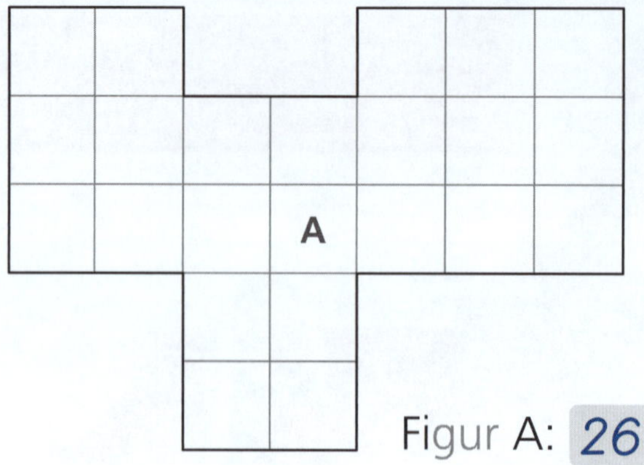

Figur A: 26 cm

1 Bestimme den Umfang der Figuren.

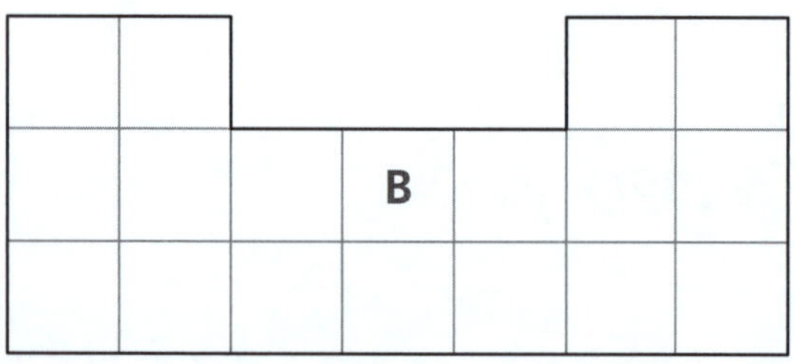

Figur B: ___ cm

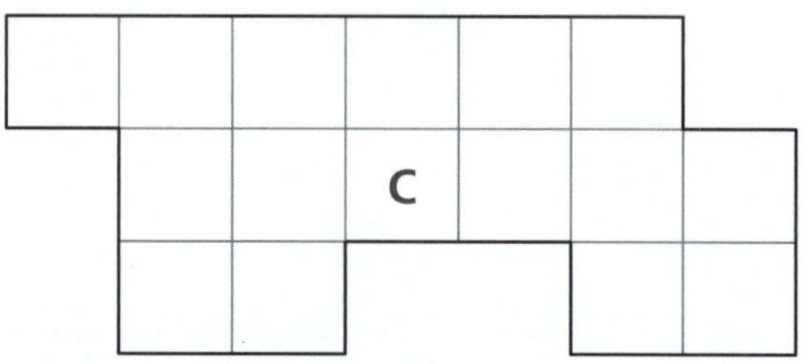

Figur C: ___ cm

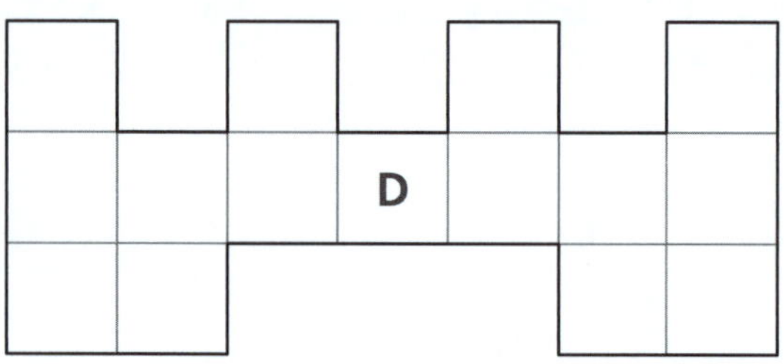

Figur D: ___ cm

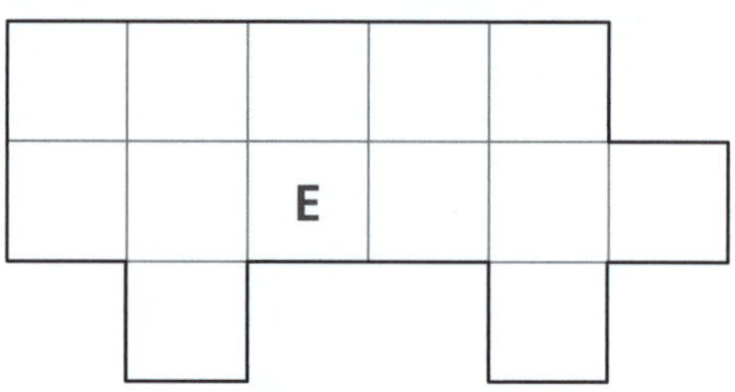

Figur E: ___ cm

2 Bestimme den Umfang der Figuren.

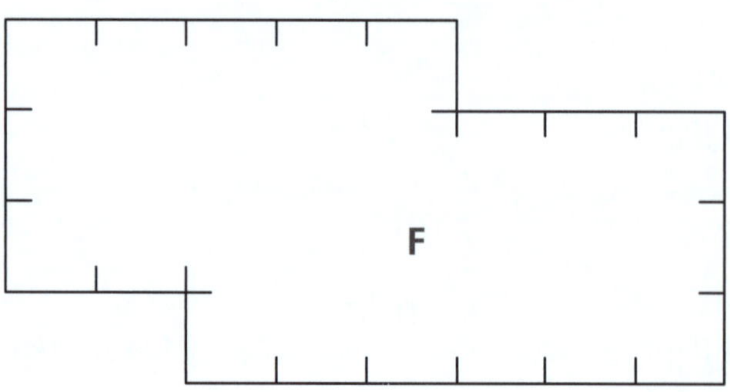

Figur F: ___ cm

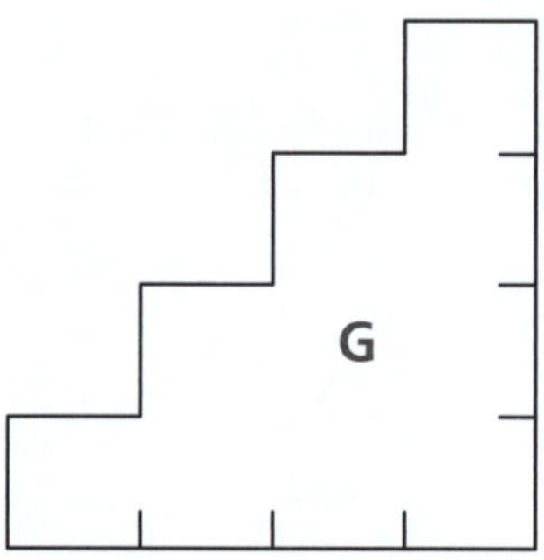

Figur G: ___ cm

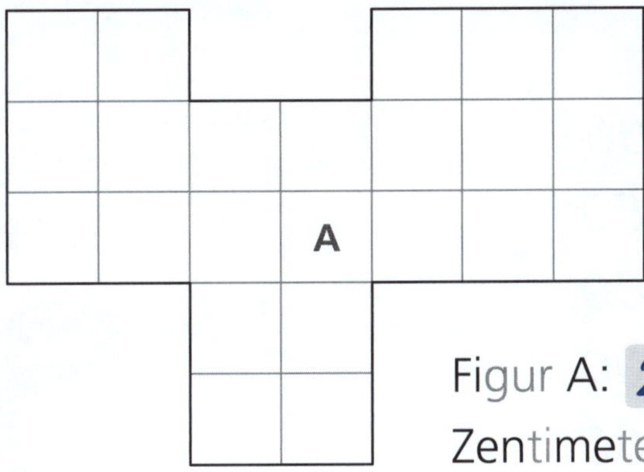

Figur A: 23 Zentimeterquadrate

1 Bestimme den Flächeninhalt der Figuren.

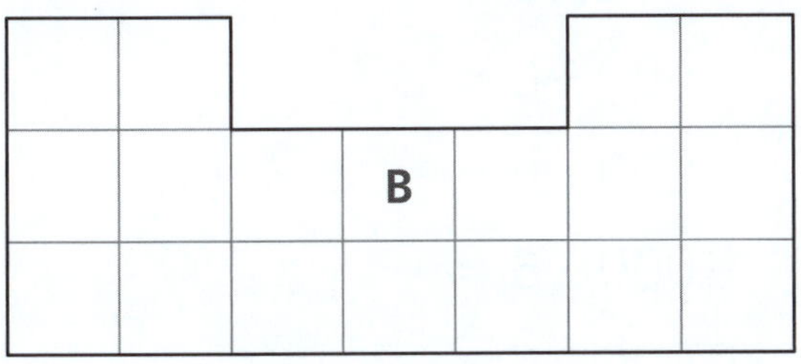

Figur B: ___ Zentimeterquadrate

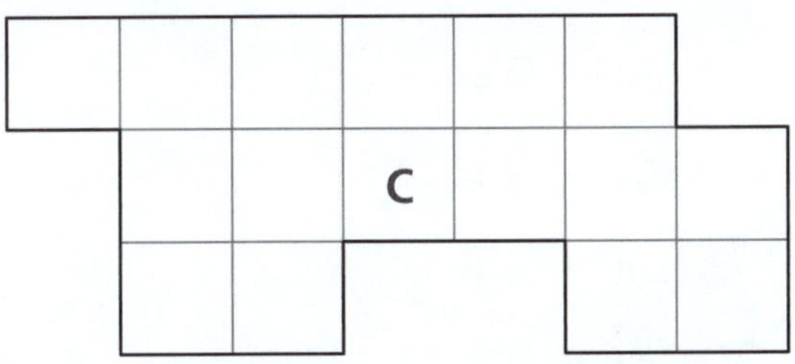

Figur C: ___ Zentimeterquadrate

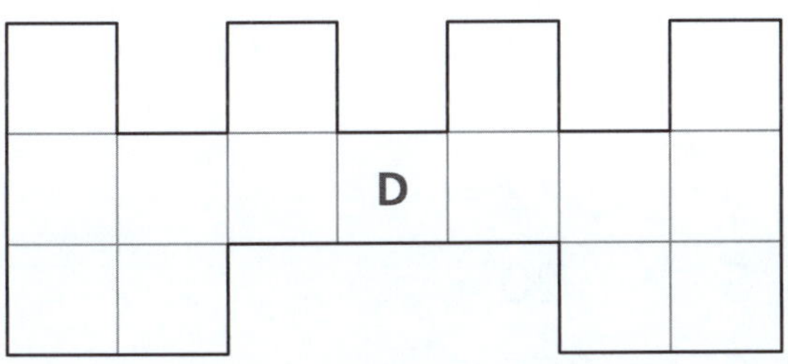

Figur D: ___ Zentimeterquadrate

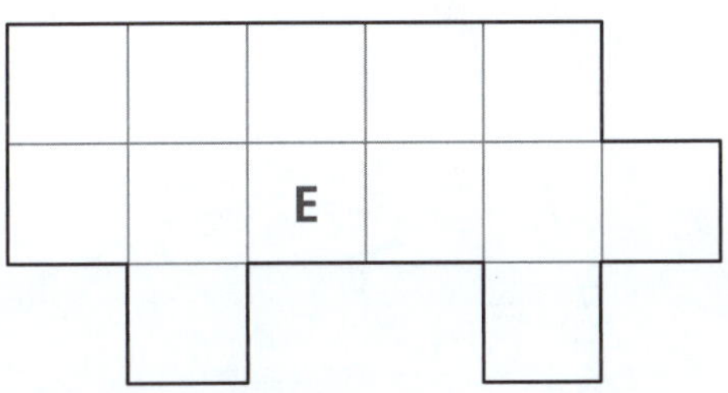

Figur E: ___ Zentimeterquadrate

2 Bestimme den Flächeninhalt der Figuren.

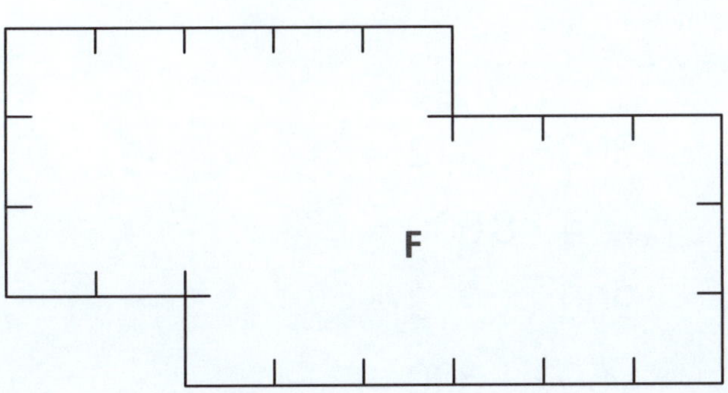

Figur F: ___ Zentimeterquadrate

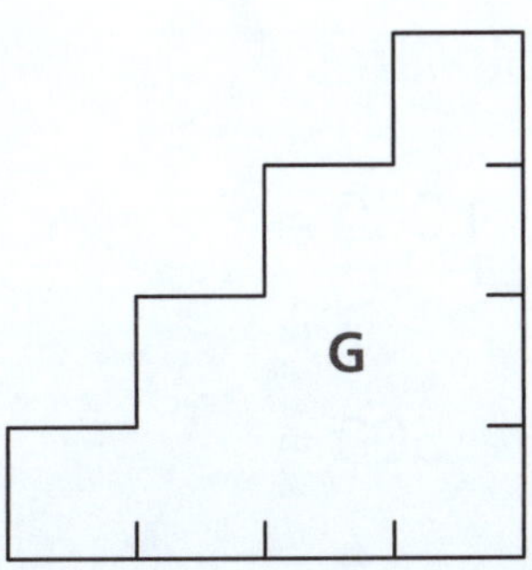

Figur G: ___ Zentimeterquadrate

$5 \cdot 7 = 35$
$50 \cdot 7 = 350$
$500 \cdot 7 = 3\,500$
$5\,000 \cdot 7 = 35\,000$
$50\,000 \cdot 7 = 350\,000$

1 Multipliziere.

$3 \cdot 9 =$	$8 \cdot 6 =$
$30 \cdot 9 =$	$80 \cdot 6 =$
$300 \cdot 9 =$	$800 \cdot 6 =$
$3\,000 \cdot 9 =$	$8\,000 \cdot 6 =$
$30\,000 \cdot 9 =$	$80\,000 \cdot 6 =$

2 Multipliziere.

$4 \cdot 7 =$	$5 \cdot 2 =$
$4 \cdot 70 =$	$5 \cdot 20 =$
$4 \cdot 700 =$	$5 \cdot 200 =$
$4 \cdot 7\,000 =$	$5 \cdot 2\,000 =$
$4 \cdot 70\,000 =$	$5 \cdot 20\,000 =$

3 Multipliziere.

$9 \cdot 1\,000 =$	$300 \cdot 2 =$
$80\,000 \cdot 7 =$	$4 \cdot 8\,000 =$
$3 \cdot 500 =$	$900 \cdot 3 =$
$200\,000 \cdot 4 =$	$50 \cdot 600 =$
$70 \cdot 6 =$	$100\,000 \cdot 7 =$

4 · 6000 = 24 000
4 · 6 = 24

500 · 3 = 1 500
5 · 3 = 15

20 · 700 = 14 000
2 · 7 = 14

4000 · 80 = 320 000
4 · 8 = 32

1 Finde die kleine Aufgabe und multipliziere.

9 · 8 000 = ____
____ · ____ = ____

300 · 4 = ____
____ · ____ = ____

100 000 · 5 = ____
____ · ____ = ____

6 · 70 000 = ____
____ · ____ = ____

2 Finde die kleine Aufgabe und multipliziere.

8 000 · 30 = ____
____ · ____ = ____

900 · 40 = ____
____ · ____ = ____

50 · 70 = ____
____ · ____ = ____

200 · 600 = ____
____ · ____ = ____

7	9	**5**	·	**3**	
				5	

3 · **5** = 15
Schreibe 5, merke dir 1.

7	**9**	5	·	**3**	
		8	5		

3 · **9** = 27 und 27 + 1 = 28.
Schreibe 8, merke dir 2.

7	9	5	·	**3**	
	3	8	5		

3 · **7** = 21 und 21 + 2 = 23.
Schreibe 3, merke dir 2.

7	9	5	·	3	
2	3	8	5		

Die Rechnung ist zu Ende.
Schreibe 2.

Multipliziere schriftlich.

6 8 7 · 2

9 5 1 · 4

3 4 2 · 6

8 6 4 · 5

4 3 6 · 7

7 2 8 · 3

1 Multipliziere schriftlich.

608 · 3

294 · 5

781 · 8

315 · 7

960 · 2

457 · 4

2 Multipliziere schriftlich.

7893 · 6

5724 · 3

6308 · 9

1438 · 5

2071 · 4

5916 · 7

3 Multipliziere schriftlich.

46205 · 9

85016 · 3

70422 · 8

93768 · 2

11059 · 7

59473 · 6

1	**3**	**7**	**8**	·	**2**	6	
	2	7	5	6	**0**		

Multipliziere 1 378 mit 2 schriftlich.
Beginne stellengerecht unter der 2.
Ergänze eine Null (**0**) an der Einerstelle.

1	**3**	**7**	**8**	·	2	**6**
		2	7	5	6	0
			8	2	6	8

Multipliziere 1 378 mit 6 schriftlich.
Schreibe das Ergebnis stellengerecht in die nächste Reihe.

1	3	7	8	·	2	6
		2	**7**	**5**	**6**	**0**
			8	**2**	**6**	**8**
		1		1		
		3	5	8	2	8

Addiere die beiden Zwischenergebnisse schriftlich.

Multipliziere schriftlich.

3524 · 19
0

2103 · 57

1846 · 62

5098 · 24

7917 · 83

4260 · 31

3	1	0	8	·	2	4	
		6	2	1	6	**0**	
		1	2	4	3	2	
		7	4	5	9	2	

3	1	0	8	·	2	4	3
		6	2	1	6	**0**	**0**
		1	2	4	3	2	**0**
				9	3	2	4
			1	1			
		7	5	5	2	4	4

1 Multipliziere schriftlich.

5406 · 72

6548 · 13

172 · 91

8703 · 40

506 · 68

7951 · 25

2 Multipliziere schriftlich.

1286 · 359

845 · 721

5092 · 164

3617 · 105

2451 · 278

362 · 983

4279 · 52

Nach den Zwischenergebnissen lasse ich eine Kästchenreihe frei.

Übertrage die Aufgabe und multipliziere schriftlich.
Zeichne, wenn nötig, eine Linie nach den Zwischenergebnissen.

3589 · 261

3 5 8 9 · 2 6 1

4923 · 3

6751 · 78

7445 · 9

5136 · 46

1072 · 804

9204 · 13

1280 · 692

8369 · 5

1 Ordne jedem Viereck die richtige Beschreibung zu. Verbinde.

Quadrat | Rechteck | Parallelogramm | Trapez

Ein Viereck, das mindestens ein Paar zueinander paralleler Seiten hat.

Ein Viereck, das vier gleich lange Seiten und vier rechte Winkel hat.

Ein Viereck, bei dem jeweils zwei gegenüberliegende Seiten parallel und gleich lang sind und das außerdem vier rechte Winkel hat.

Ein Viereck, bei dem jeweils zwei gegenüber-liegende Seiten parallel sind.

2 Färbe die Vierecke in den oben abgebildeten Farben. Schreibe ihre Anzahl auf.

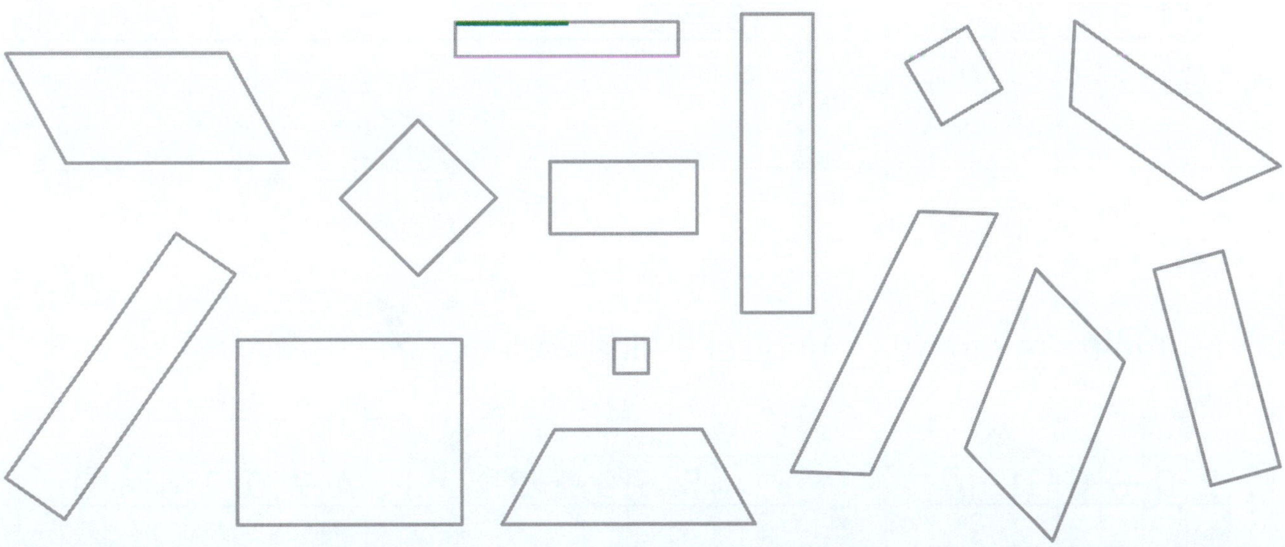

___ Quadrate ___ Rechtecke ___ Parallelogramme ___ Trapeze

1 Multipliziere schriftlich und setze das Komma.

51,6 · 8 75,7 · 6 45,9 · 2

2 Multipliziere schriftlich und setze das Komma.

13,82 · 5 62,34 · 7 94,17 · 1

3 Multipliziere schriftlich und setze das Komma.

20,863 · 4 74,559 · 3 42,026 · 9

1 Multipliziere schriftlich und setze das Komma.

3,86 · 12

576,1 · 72

24,839 · 63

2 Multipliziere schriftlich und setze das Komma.

9,86 · 184

4,375 · 236

1263,2 · 517

8 : 4 = 2

80 : 4 = 20

800 : 4 = 200

8 000 : 4 = 2 000

80 000 : 4 = 20 000

800 000 : 4 = 200 000

1 Dividiere.

21 : 3 =	64 : 8 =
210 : 3 =	640 : 8 =
2 100 : 3 =	6 400 : 8 =
21 000 : 3 =	64 000 : 8 =
210 000 : 3 =	640 000 : 8 =

2 Finde die kleine Aufgabe und dividiere.

2 000 : 5 =	600 000 : 2 =
20 : 5 =	__ : __ =
4 500 : 9 =	49 000 : 7 =
__ : __ =	__ : __ =

3 Dividiere. Denke an die kleine Aufgabe.

36 000 : 6 =	900 : 3 =
180 000 : 9 =	350 000 : 5 =
7 200 : 8 =	280 : 7 =
150 000 : 3 =	16 000 : 2 =

80 0~~00~~ : 4~~00~~ = 200
800 : 4 = 200

270 00~~0~~ : 9~~0~~ = 3 000
27 000 : 9 = 3 000

10~~0 000~~ : 2~~0 000~~ = 5
10 : 2 = 5

24 ~~000~~ : 6 ~~000~~ = 4
24 : 6 = 4

Streiche auf beiden Seiten des Geteiltzeichens gleich viele Nullen.
Dividiere dann.

540 0~~00~~ : 6~~00~~ = ___
5 400 : 6 = ___

560 000 : 80 000 = ___
___ : ___ = ___

3 200 : 40 = ___
___ : ___ = ___

360 000 : 90 = ___
___ : ___ = ___

25 000 : 5 000 = ___
___ : ___ = ___

24 000 : 800 = ___
___ : ___ = ___

42 000 : 700 = ___
___ : ___ = ___

270 000 : 30 = ___
___ : ___ = ___

72 000 : 9 000 = ___
___ : ___ = ___

300 000 : 600 = ___
___ : ___ = ___

7	5	:	**3**	=	2	
6						

7 : **3** passt 2 mal,
denn 2 · **3** = 6.

7	5	:	3	=	2
6					
1					

7 – **6** = 1.

7	**5**	:	3	=	2
6	↓				
1	5				

Die nächste Ziffer (**5** → 5) nach unten holen.

7	5	:	**3**	=	2	5
6						
1	**5**					
1	5					

15 : **3** passt 5 mal,
denn 5 · **3** = 15.

7	5	:	3	=	2	5
6						
1	**5**					
1	**5**					
	0					

15 – **15** = 0.
Alle Ziffern wurden nach unten geholt.

0 bleibt übrig (Rest 0).

Dividiere schriftlich.

96 : 4 =

78 : 6 =

94 : 2 =

952 : 7 =

867 : 3 =

776 : 4 =

```
2 5 4 1 : 3 =

2 5 4 1 : 3 = 8 4 7
2 4
  1 4
  1 2
    2 1
    2 1
      0
```

Dividiere schriftlich.

3145 : 5 =

6624 : 9 =

2568 : 6 =

7712 : 8 =

143896 : 4 =

456736 : 7 =

Dividiere schriftlich. Achte auf die Nullen.

75102 : 3 =

270613 : 7 =

430496 : 8 =

245365 : 5 =

3 2 7 6 : 9 = 3 6 4
2 7
  5 7   K: 3 6 4 · 9
  5 4   3 2 7 6
    3 6
    3 6
      0

Dividiere schriftlich. Kontrolliere mit der Multiplikationsaufgabe.

393408 : 4 =

K:

215436 : 6 =

K:

519344 : 7 =

K:

241860 : 5 =

K:

4359 : 7 = 622 R 5
42
 15
 14
  19
  14
   5

Dividiere schriftlich. Bestimme den Rest.

5361 : 6 =

4928 : 3 =

37501 : 4 =

Dividiere schriftlich. Manchmal bleibt ein Rest.

68305 : 7 =

137945 : 5 =

367018 : 8 =

2	8	7	3	:	1	3	=	2	2	1
2	6									
	2	7								
	2	6								
		1	3							
		1	3							
			0							

Dividiere schriftlich.

88396 : 28 =

98346 : 74 =

91845 : 65 =

81276 : 39 =

Dividiere schriftlich.

219861 : 27 =

317985 : 51 =

171396 : 46 =

158464 : 32 =

8,91 : 3

Dividiere schriftlich und setze das Komma.

9,872 : 8 =

73,80 : 5 =

821,4 : 6 =

97,08 : 4 =

Dividiere schriftlich und setze das Komma.

345,2 : 4 =

58,68 : 9 =

38,276 : 7 =

147,85 : 5 =

205,41 : 3 =

7502,4 : 8 =

1 Kilogramm = 1 000 Gramm
1 kg = 1 000 g

1 Wandle in Gramm um.

4 kg =	4 000	g	70 kg =		g
35 kg =		g	162 kg =		g
801 kg =		g	98 kg =		g

2 Wandle in Kilogramm um.

409 000 g =	409	kg	6 000 g =		kg
90 000 g =		kg	318 000 g =		kg
2 000 g =		kg	54 000 g =		kg

3 Trage die Werte in die Stellenwerttabelle ein und wandle in die angegebene Einheit um.

	kg			g			
	100 kg	10 kg	1 kg	100 g	10 g	1 g	
13 kg 50 g		1	3	0	5	0	13 050 g 13,050 kg
216 kg 140 g							g kg
1 kg 1 g							g kg
48 kg 275 g							g kg

4 Wandle in die angegebene Einheit um.

173 kg 586 g =		g	9 kg 63 g =		g
173 kg 586 g =		kg	9 kg 63 g =		kg

1 Tonne = 1000 Kilogramm
1 t = 1000 kg

1 Wandle in Kilogramm um.

6 t = 6000 kg		70 t =	kg
12 t =	kg	540 t =	kg
950 t =	kg	1000 t =	kg

2 Wandle in Tonnen um.

36000 kg = 36 t		570000 kg =	t
4000 kg =	t	29000 kg =	t
100000 kg =	t	8000 kg =	t

3 Trage die Werte in die Stellenwerttabelle ein und wandle in die angegebene Einheit um.

	t			kg			
	100 t	10 t	1 t	100 kg	10 kg	1 kg	
7 t 6 kg							kg t
35 t 816 kg							kg t
1 t 500 kg							kg t
12 t 24 kg							kg t

4 Wandle in die angegebene Einheit um.

100 t 372 kg =	kg	68 t 5 kg =	kg
100 t 372 kg =	t	68 t 5 kg =	t

1 Kilometer = 1 000 Meter
1 km = 1 000 m

1 Wandle in Meter um.

27 km =	27 000	m	82 km =		m
613 km =		m	9 km =		m
1 000 km =		m	564 km =		m

2 Wandle in Kilometer um.

6 000 m =	6	km	12 000 m =		km
89 000 m =		km	348 000 m =		km
751 000 m =		km	4 000 m =		km

3 Trage die Werte in die Stellenwerttabelle ein und wandle in die angegebene Einheit um.

	km			m			
	100 km	10 km	1 km	100 m	10 m	1 m	
5 km 73 m							m km
11 km 422 m							m km
8 km 1 m							m km
634 km 290 m							m km

4 Wandle in die angegebene Einheit um.

96 km 8 m =		m	478 km 36 m =		m
96 km 8 m =		km	478 km 36 m =		km

1 Meter = 100 Zentimeter 1 m = 100 cm	1 Zentimeter = 10 Millimeter 1 cm = 10 mm

1 Trage die Werte in die Stellenwerttabelle ein und wandle in die angegebene Einheit um.

	m			cm		
	100 m	10 m	1 m	10 cm	1 cm	
1 m 93 cm						cm m
871 m 15 cm						cm m

2 Wandle in die angegebene Einheit um.

100 m 20 cm = ______ cm
365 m 4 cm = ______ cm

100 m 20 cm = ______ m
365 m 4 cm = ______ m

3 Trage die Werte in die Stellenwerttabelle ein und wandle in die angegebene Einheit um.

	cm		mm	
	10 cm	1 cm	1 mm	
12 cm 3 mm				mm cm
81 cm 6 mm				mm cm

4 Wandle in die angegebene Einheit um.

87 cm 2 mm = ______ mm
401 cm 5 mm = ______ mm

87 cm 2 mm = ______ cm
401 cm 5 mm = ______ cm

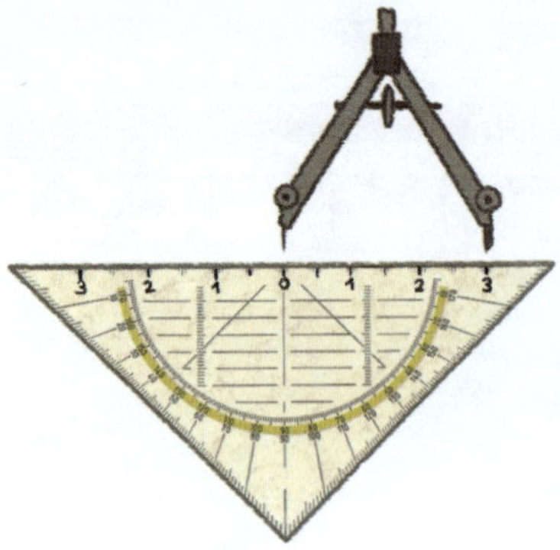

1 Zeichne um die Mittelpunkte **M** und **N** jeweils einen Kreis mit dem Radius r = 3 cm. 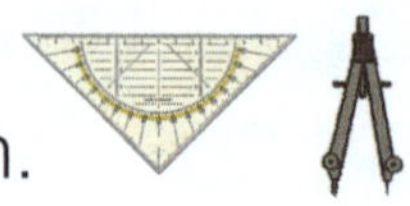

× **M** × **N**

2 Zeichne um den Mittelpunkt **M** Kreise mit dem Radius r = 2 cm, r = 4 cm und r = 5 cm. 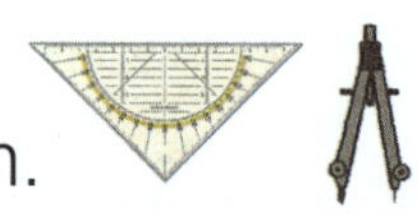

× **M**

1 Liter = 1 000 Milliliter
1 l = 1 000 ml

1 Wandle in Milliliter um.

2 l =	2 000	ml	74 l =		ml
16 l =		ml	300 l =		ml
53 l =		ml	9 l =		ml

2 Wandle in Liter um.

4 000 ml =	4	l	38 000 ml =		l
61 000 ml =		l	7 000 ml =		l
1 000 000 ml =		l	825 000 ml =		l

3 Trage die Werte in die Stellenwerttabelle ein und wandle in die angegebene Einheit um.

	l			ml			
	100 l	10 l	1 l	100 ml	10 ml	1 ml	
86 l 3 ml							ml / l
4 l 261 ml							ml / l
120 l 75 ml							ml / l
39 l 506 ml							ml / l

4 Wandle in die angegebene Einheit um.

6 l 94 ml =		ml	51 l 748 ml =		ml
6 l 94 ml =		l	51 l 748 ml =		l

Inhaltsverzeichnis